旗 標 FLAG

好書能增進知識　提高學習效率　卓越的品質是旗標的信念與堅持

旗 標 FLAG

http://www.flag.com.tw

Python

Python Workout: 50 ten-minute exercises

刷題鍛鍊班

老手都刷過的 50 道程式題　求職面試最給力

Reuven M. Lerner 著

施威銘研究室 編譯

感謝您購買旗標書，
記得到旗標網站
www.flag.com.tw
更多的加值內容等著您…

● FB 官方粉絲專頁：旗標知識講堂

● 旗標「線上購買」專區：您不用出門就可選購旗標書！

● 如您對本書內容有不明瞭或建議改進之處，請連上
旗標網站，點選首頁的 聯絡我們 專區。

若需線上即時詢問問題，可點選旗標官方粉絲專頁
留言詢問，小編客服隨時待命，盡速回覆。

若是寄信聯絡旗標客服 email，我們收到您的訊息
後，將由專業客服人員為您解答。

我們所提供的售後服務範圍僅限於書籍本身或內
容表達不清楚的地方，至於軟硬體的問題，請直接
連絡廠商。

學生團體	訂購專線：(02)2396-3257 轉 362
	傳真專線：(02)2321-2545
經銷商	服務專線：(02)2396-3257 轉 331
	將派專人拜訪
	傳真專線：(02)2321-2545

國家圖書館出版品預行編目資料

Python 刷題鍛鍊班：
老手都刷過的 50 道程式題，求職面試最給力
Reuven M. Lerner 著；施威銘研究室 編譯
初版．臺北市：旗標科技股份有限公司，2021.04 面；公分
譯自：Python Workout：50 ten-minute exercises

ISBN 978-986-312-664-5(平裝)

1.Python (電腦程式語言)
312.32P97   110003226

作　　者／Reuven M. Lerner
翻譯著作人／旗標科技股份有限公司
發 行 所／旗標科技股份有限公司
　　　　　台北市杭州南路一段15-1號19樓
電　　話／(02)2396-3257(代表號)
傳　　真／(02)2321-2545
劃撥帳號／1332727-9
帳　　戶／旗標科技股份有限公司
監　　督／陳彥發
執行企劃／陳彥發
執行編輯／施威銘研究室
美術編輯／薛詩盈
封面設計／王寶翔・薛詩盈
校　　對／陳彥發・王寶翔

新台幣售價： 480 元
西元 2023 年 9 月 初版 3 刷
行政院新聞局核准登記-局版台業字第 4512 號
ISBN 978-986-312-664-5
版權所有・翻印必究

Original English language edition published by
Manning Publications, USA. Copyright © 2020
by Manning Publications. Complex Chinese-lan-
guage edition copyright © 2021 by Flag Tech-
nology Co., LTD. All rights reserved.

作者序

從許多方面來看，學程式語言很像學外文；你可以上課、學習到夠熟稔的程度和通過考試，可是一到實際開口說的場合就哽在喉嚨裡，不曉得該用哪些語法才好。而這就是你為什麼需要練習，才跟語言有更深入的互動。

本書的內容，便取材自我和學生在 Python 企業培訓課程的腦力激盪結果——他們經常在課後問我能否提供更多練習題，好讓他們能夠繼續精進。

這些練習題的程式都很短，但所有大型應用都是用小程式組合起來的。只要試著用 Python 解決不同情境的問題，你就能持續進步，慢慢寫出更好懂和更易維護的程式碼。過幾個月後，回頭看看以前寫的程式，你就會發現跟現在有如天壤之別了。

本書不會教你 Python 基礎；這本書適合已經學了一點 Python 基礎的人（你得對數值、字串、list 等等資料型別和 if、for 之類的控制結構有些認識）。藉由這些練習題，你便能內化 Python 的核心概念——基礎資料結構、函式、list 生成式、物件和走訪等等。我在每一題會提示要用到的技巧和相關語法，並在提供解答後展示延伸技巧，讓你曉得能如何進一步改良 Python 程式。

我常飛到世界各地教課，當中包括中國，所以我自己也在學中文。雖然我的中文離流利口說程度還差得遠了，但我發現練習確實很有幫助。這就是為什麼我希望這本書能幫助各位提升自己的 Python 技巧，了解到如何用它解決問題、並避開一些常犯錯誤。希望透過這 50 個練習題，能使各位在將來的生涯中，也能夠輕鬆寫出一手流利的 Python 語言。

—— Reuven M. Lerner

取得本書範例程式

本書所有練習題的解答，皆提供了範例程式。請依網頁指示輸入通關密語即可下載檔案：

http://www.flag.com.tw/bk/st/F1750

下載的壓縮檔內含三種版本：

- **\jupyer_notebook**：單一 Jupyter Notebook .ipynb 版 (需安裝 Anaconda)

- **\py**：依各題區分的標準 Python .py 檔 (可在絕大部分 Python 編輯器開啟和執行)

- **\python_tutor**：Python Tutor 免安裝連結版 (單一 HTML 檔)

作者線上講解影片的播放清單連結

關於 Python Tutor 的介紹，請見第 1 章練習 01。本書的絕大部分練習題都會附上 Python Tutor 短連結，只要用瀏覽器即可線上開啟。

注意下載的範例程式中，會用到的相關外部檔案 (如文字檔、模組) 將放置於 data 子資料夾，.ipynb 及 .py 內的程式碼都已經修改過以符合該相對路徑。Python Tutor 版則由於無法操作檔案，因此有部分練習無法提供，其餘一部分則會做必要的修改。

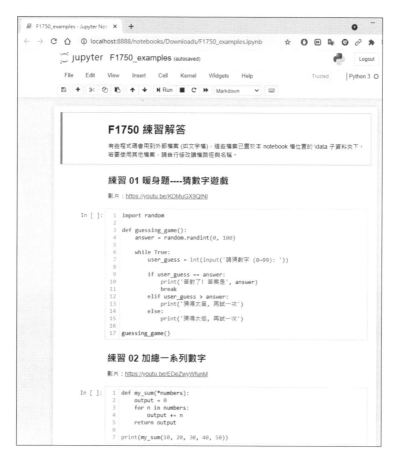

F1750 練習解答 - Python Tutor 版

[Python Tutor](#) 是個能以視覺化方式展示程式逐步執行過程的線上編輯器，本網頁即為各題式碼的直接連結。但有鑑於該執行環境的限制，有些練習解答並未列出（如匯入模組和寫入檔案的練習）。其餘讀取檔案的練習，則修改成模擬檔案的形式，因此請以書中或 Jupyter Notebook 版提供的程式碼為準。

01	02	03	04	05
06	07	08	09	10
11	12	13	14	15
16	17	18	19	20
21	22	23	24	25
26	27	28	29	30
31	32	33	34	35
36	37	38	39	40
41	42	43	44	45
46	47	48	49	50
A01	A02	A03	A04	A05
A06	A07	A08	A09	A10

Contents

04 dict 與 set

05 檔案處理

06 函式

Contents

07 函數式程式設計

08 模組與套件

09 物件與類別

10 走訪器與產生器

Contents

A 用本書技巧挑戰額外解題

數值處理

程式都需要有輸入的資料才能做事，而這些資料通常來自使用者。怎麼讓使用者提供正確的（我們需要的）資料很重要；此外，我們也得考量到若使用者給予的資料格式不符，要如何轉換成我們能使用的形式。

 當然，本書的許多練習題為了單純起見，會假設使用者永遠只輸入特定格式的資料。

此外，Python 雖然只有兩種迴圈 for 和 while，它們卻能拿來處理幾乎每一種資料型別（以及資料庫和報表檔案的內容）。問題就在於，你什麼時候該用哪種迴圈呢？你又該如何在正確的時機離開迴圈，好讓程式產生符合預期的表現？

練習 01 暖身題——猜數字遊戲

本書的第一個練習，目的是要讓各位先『暖個身』、熟悉你將來寫 Python 程式時會一再用到的語法：迴圈、使用者輸入和型別轉換。同時，我們也將藉由這題來示範本書的內容編排方式。

在這一題，你得試著寫出一個函式，它會不斷請使用者猜一個隨機數字是多少，並根據猜測結果回應『猜得太高』或『太低』，直到使用者猜中為止。

uestion

[1] 寫一個沒有參數的函式 guessing_game()。

[2] 這個函式在執行時，會隨機產生一個介於 0 到 99 的數字。

[3] 然後，函式會請使用者猜這個數字：使用者每次輸入一個數字後，函式會提示猜得太高、太低或者猜對了。

[4] 使用者猜對數字後，函式就會結束執行。

你的函式的執行結果應該要類似右邊這樣：

```
Out                    ——— 你輸入的數字
請猜數字 (0~99)：50
猜得太高，再試一次
請猜數字 (0~99)：25
猜得太高，再試一次
請猜數字 (0~99)：12
猜得太低，再試一次
請猜數字 (0~99)：18
猜得太低，再試一次
請猜數字 (0~99)：22
答對了！答案是 22
```

技巧提示

看完題目之後，我們鼓勵各位先停下來，試著思考並撰寫你自己的解答 (你不見得要百分之百重現題目的要求)。

若你真的沒有頭緒，不知如何下手，『**技巧提示**』小節會提供參考解答中用到的重要 Python 知識。有些你可能已經學過或用過，但它們仍是值得複習的重要概念。

☑ 使用 input() 輸入資料

你可用 **input()** 函式來取得使用者輸入的資料，它會等待使用者按下 Enter 後才繼續執行程式：

```
In
num = input('輸入數字: ')
print('你輸入的數字是', num)
```

```
Out
輸入數字: 42
你輸入的數字是 42
```

☑ 將字串轉成數值

input() 傳回的資料是字串型別，但在這個練習中，我們需要的是數字，所以必須加以轉換，否則計算和判讀上會產生 bug。

你可以用 **int()** 函式將含有數字的字串轉成整數：

```
In
s = '42'
print(int(s))
print(type(int(s)))
          ┗━━ 檢視轉換後的型別
```

```
Out
42
<class 'int'>
```

☑ 產生亂數

至於使用者要猜測的隨機數或亂數，可用 **random** 模組的 **randint()** 函式來產生：

```
In
import random   ◄── 匯入 random 模組
print(random.randint(0, 30))
```

上面的程式會產生一個介於 0 到 29 (不含 30) 的整數亂數。

☑ 使用無窮迴圈並適時脫離

最後，由於我們不曉得使用者要猜幾次才會猜對答案，因此得使用 while 無窮迴圈。等到使用者猜對時，再用 break 脫離迴圈即可：

```
In
while True:
    # ...中略
    if num == answer:
        break
```

參 考 解 答

下面是練習的參考解答。你寫的版本可能不盡相同，畢竟程式中能用很多種方式解決問題。此外，我們也會視情況在『延伸技巧』或本書後面的其他題目談到 Python 中解決問題的其他手法。

如果你一開始仍然不曉得該怎麼解答，請自行在編輯器中輸入以下程式和執行，思考一下程式的運作流程。

```
In
import random

def guessing_game():
    answer = random.randint(0, 100)    ◄── 產生介於 0 至 99 的整數亂數

    while True:◄── 進入無窮 while 迴圈
        user_guess = int(input('請猜數字 (0~99): '))  ◄─┐
                                        讀取使用者輸入的數字 (並將字串轉換為整數)

        if user_guess == answer:  ◄── 如果使用者猜對數字, 就脫離迴圈
            print('答對了! 答案是', answer)
            break
        elif user_guess > answer:
            print('猜得太高, 再試一次')
        else:
            print('猜得太低, 再試一次')

guessing_game()
```

使用 Python Tutor

各位也可以打開以下連結, 用 Python Tutor 試驗這支程式的實際執行過程:

https://www.flag.com.tw/Redirect/F1750/01

Python Tutor 是個線上版的簡易 Python 編輯器, 在上面輸入程式後, 按下『Visualize Exection』後就能用互動視覺化方式展示程式的執行過程 (按 next 來執行下一步):

NEXT

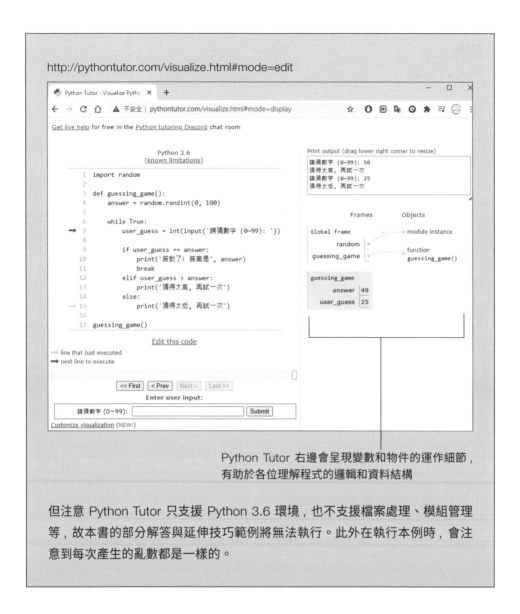

http://pythontutor.com/visualize.html#mode=edit

Python Tutor 右邊會呈現變數和物件的運作細節,
有助於各位理解程式的邏輯和資料結構

但注意 Python Tutor 只支援 Python 3.6 環境,也不支援檔案處理、模組管理等,故本書的部分解答與延伸技巧範例將無法執行。此外在執行本例時,會注意到每次產生的亂數都是一樣的。

延伸技巧

看完參考解答後,我們會視情況分享一些額外技巧,例如你能如何改進程式、Python 還有哪些內建功能能讓你的程式更加精簡等等。不過,有些技巧我們會保留到特定章節介紹。

☑ 確保使用者輸入的字串能轉成整數

在上面的程式中，假如使用者有意無意輸入非數字 (比如 a, b, c) 或直接按 `Enter` (傳回空字串)，就會導致 int() 嘗試轉值時產生錯誤。

為避免這種狀況，你可以用字串物件的 **isdigit()** method 來檢查它是否可轉為整數。改寫前面練習題如下：

```
In
import random

def guessing_game():
    answer = random.randint(0, 100)

    while True:
        input_str = input('請猜數字 (0~99): ')

        if input_str.isdigit(): ◄── 檢查輸入字串是否可轉整數
            user_guess = int(input_str)

            if user_guess == answer:
                print('答對了! 答案是', answer)
                break
            elif user_guess > answer:
                print('猜得太高, 再試一次')
            else:
                print('猜得太低, 再試一次')

        else:
            print('請輸入數值!')

guessing_game()
```

 注意 str.isdigit() 在判定浮點數時會傳回 False, 因為它將小數點視為句點。你得先用 『字串.replace(',', '')』 將字串中的小數點去掉。

練習 **02** 加總一系列數字

如果你把 list[1, 2, 3] 傳入 Python 內建的 **sum()** 函式，就會得到其元素的總和（如 1 + 2 + 3 = 6）。現在你的挑戰在於，怎麼在不使用 sum() 的情況下做到一樣的效果？

此外，為了增添一點變化，你的總和計算函式 my_sum() 不能直接接收一個 list 或其他容器當參數，而是能接收無限多的選擇性參數，給多少算多少：

```
In
print(my_sum(1, 2, 3))
print(my_sum(1, 2, 3, 4, 5))
```
```
Out
6
15
```

uestion

寫一個函式 my_sum()，能接收任意數量的參數。（假設使用者只會輸入整數或浮點數。）該函式會計算所有參數的總和並傳回。

解 題 思 考

☑ 讓函式接收數量不定的參數

當 Python 函式定義的參數名稱前面帶有星號 (*) 時，它會將你輸入函式的多個值『打包』成一個 tuple 容器 (tuple 即元素不可改變的 list)：

```
In
def func(*args):  ◀── 定義接收數量不定的參數
    print(args)
    print(type(args))

func(1, 2, 3, 4, 5)
```

```
Out
(1, 2, 3, 4, 5)  ┐
<class 'tuple'>  ┘ ◀── 不管傳入幾個參數, 都打包成 tuple
```

接著只要用 for 迴圈走訪它 , 將數值加總即可。

參 考 解 答

■ Python Tutor 連結: https://www.flag.com.tw/Redirect/F1750/02

```
In
def my_sum(*numbers):
    output = 0
    for n in numbers:
        output += n  ◀── 走訪 numbers (tuple) 並累加當中的元素
    return output

print(my_sum(10, 20, 30, 40, 50))
```

關於 sum() 的第二個參數

當然，使用 sum() 來計算總和還是方便多了。但你知道 sum() 其實可以填入第二個選擇性參數嗎？這個參數會當成加總時的初始值：

```
In
print(sum([1, 2, 3, 4, 5]))
print(sum([1, 2, 3, 4, 5], 10))  ◀── 10 (初始值) + 15 (list 元素總和)
----------------------------------------------------------------
Out
15
25
```

如果想在我們自己的解答也加入類似的功能，能夠指定加總時的起始值，要怎麼寫呢？

```
IN
def my_sum(*numbers, start=0):
    output = 0
    for n in numbers:
        output += n
    return start + output

print(my_sum(1, 2, 3, 4, 5, start=10))
```

你可以在數量不定的參數後面放其他參數，但這些參數必須是關鍵字參數，呼叫時要指名 (參閱第 6 章)。

練習  計算平均練跑時間

在這一題，我們要來計算數值資料的平均。平均不難計算，就是總和除以資料個數而已；但是，這回使用者會逐次提供資料，直到使用者自行選擇停止為止。此外，這次也得將使用者可能輸入錯誤資料的情況納入考量。

假設你每天會跑步 10 公里，而你想要計算連續幾天練跑時所花的平均時間。你的程式運作起來會像下面這樣：

```
Out
輸入跑 10 公里時間：(直接按 Enter 結束) 50
輸入跑 10 公里時間：(直接按 Enter 結束) 70
輸入跑 10 公里時間：(直接按 Enter 結束) 40
輸入跑 10 公里時間：(直接按 Enter 結束) ◀── 使用者直接按 Enter
跑 3 次的平均時間為 53.33 分鐘
```

uestion

1 寫一個函式 run_timing()，它會重複要求使用者輸入數字 (跑 10 公里花費的時間，整數或浮點數)，直到使用者按 Enter (輸入空字串) 為止。該函式最後會印出練跑時間的平均值。

2 防堵使用者輸入錯誤資料 (無法轉換成數值的字串) 而導致程式出錯。

3 另外，你也得考慮使用者沒有輸入任何資料就按 Enter 、或者都只輸入非數值的狀況——這會使得計算平均值時因除以 0 而產生錯誤。

解題思考

☑ 用 try...except 攔截錯誤

前面提過可用字串的 isdigit() method 來檢查它是否可轉成整數，但這回我們可能會接收到浮點數，isdigit() 卻無法判定字串是否可轉為浮點數，更別提是非數值了：

```
In
print('3.14159'.isdigit(),'2e'.isdigit())
```
```
Out
False False
```

因此，在本題我們要使用 try...except 來攔截字串轉數值時可能產生的錯誤，以免程式因錯誤而直接中斷：

```
In
input_str = input('輸入數值: ')


try:    ←── try...except 之間的程式碼若產生錯誤, 就執行 except 的程式碼
    num = float(input_str)
except Exception as e:    ←── 攔截錯誤 (所有 Python 錯誤都屬於 Exception 例外類別)
    print('產生錯誤:', e)    ←── 將錯誤原因印出來
```

 小編註：Python 程式發生錯誤時會『引發例外』，而例外都有自己的類別。第 9 章會再更深入討論類別。

```
Out
輸入數值: 2e
產生錯誤: could not convert string to float: '2e'
```

參 考 解 答

■ Python Tutor 連結: https://www.flag.com.tw/Redirect/F1750/03

```
In
def run_timing():
    total_time = 0.0
    number_of_runs = 0

    while True:
        run_time = input('輸入跑 10 公里時間: (直接按 Enter 結束) ')
        if run_time == '':    ◀—— 如果收到空字串 (使用者直接按 Enter ), 就離開迴圈
            break
        try:
            run_time_value = float(run_time)    ◀—— 將字串轉為浮點數並加總
            total_time += run_time_value
            number_of_runs += 1
        except Exception as e:
            print('產生錯誤:', e)    ◀—— 如果資料轉換錯誤, 攔截該錯誤並印出訊息

    if number_of_runs > 0:
        average_time = (total_time / number_of_runs)    ◀—— 計算平均時間
    else:
        average_time = 0.0    ◀—— 如果使用者沒有輸入任何有效數值, 就直接將結果設為 0

    print('跑', number_of_runs, '次的平均時間為', average_time, '分鐘')

run_timing()
```

延 伸 技 巧

☑ 用『指派運算式』擺脫 while True 迴圈寫法

　　有些程式設計師覺得使用 while True 製造無窮迴圈、然後在該迴圈中用 break 的做法不太好。畢竟若停止條件沒寫好, 迴圈就真的有可能停不了。

若是如此，**Python 3.8** 新加入的**指派運算式** (assignment expressions, 俗稱『海象』算符) 就可用來解決這個狀況，同時進一步簡化程式：

$$變數 := 值$$

:= (冒號加等號) 可以指派值給變數，但同一時間『變數 := 值』這段程式也是一段運算式，會傳回該變數的值。

對於需要連續輸入文字的場合，使用指派運算式能寫成如下：

```
In
while text := input('輸入字串: '):    用 input() 指派值給 text, 並把
    print('你輸入了', text)            text 的值傳給 while 當判斷式
print('輸入結束')
- - - - - - - - - - - - - - - - - - - - - - - - - - - - - - - - - - - - - - - -
Out
輸入字串: a
你輸入了 a
輸入字串: b
你輸入了 b
輸入字串: c
你輸入了 c
輸入字串:    使用者直接按 Enter 輸入空字串
輸入結束
```

在 Python 中，空字串在判斷式會被視為 False (非空字串為 True)，因此使用者只要輸入空字串，while 迴圈就會結束，不需要用到 break。

藉由這個特性，可以改寫前面的練習題如下：

```
In
def run_timing():

    total_time = 0.0
    number_of_runs = 0

    while run_time := input('輸入跑 10 公里時間: (直接按 Enter 結束) '):

        try:
            run_time_value = float(run_time)
            total_time += run_time_value
            number_of_runs += 1
        except Exception as e:
            print('資料輸入錯誤:' ,e)

    if number_of_runs > 0:
        average_time = (total_time / number_of_runs)
    else:
        average_time = 0.0

    print('跑', number_of_runs, '次的平均時間為', round(average_time, 3), '分鐘')

run_timing()
```

不過，使用 := 不可不慎，因為它會在傳回值的同時改變變數值。若你在同一段程式碼使用了多個指派運算式，就有可能使變數值產生超乎預期的變化，而且也更難除錯。

練習 04 將 16 進位數轉為 10 進位

現在來做個很不一樣的練習：將 16 進位數換算成 10 進位。

如果是 10 進位轉 16 進位，用 Python 內建函式 **hex()** 就可以了，比如，hex(42) 會產生 0x2A。但若要將 16 進位數反轉回 10 進位數，該怎麼做呢？

uestion

寫一個函式 hex_to_dec()，它會請使用者輸入一個 16 進位數 (不包括用來代表 16 進位數的 0x 前綴符號，且假設英文字部分全大寫)，然後輸出對應的 10 進位數。我們姑且假設使用者不會輸入 0~9 和 A~F 以外的文字。

解 題 思 考

☑ 16 進位轉 10 進位的算法

顧名思義，16 進位數的每個數字都代表 0 至 15 的值 (10 寫成 A, 11 則為 B, 以此類推 ... 至於 15 則為 F)。

因此 16 進位數 2A 換算成 10 進位的方式如下：

值	2	A	
位數	1	0	
計算	$16^1 \times 2 = 32$	$16^0 \times 10 = 10$	-> 32 + 10 = **42**

因此，只要用迴圈走訪 16 進位數的每個位數，將每個數字的值乘上 16 的第 N 位數次方，加總起來就是 10 進位數了。

☑ 反轉字串

為了處理 16 進位數，一開始自然會用字串形式來走訪。不過，你或許已經注意到，前面的位數和字串索引的順序是相反的。

為了能把索引正確對應到位數，我們可以用 **reversed()** 來反轉原始的容器或字串方向：

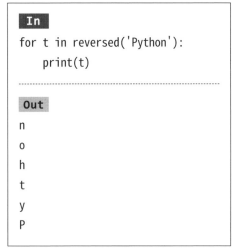

```
In
for t in reversed('Python'):
    print(t)
```

```
Out
n
o
h
t
y
P
```

☑ 同時取得走訪物件的索引及元素

這樣還有一個問題，就是走訪字串時沒辦法知道元素的索引，使得我們無從計算每一位數應該乘上 16 的幾次方。解決辦法是使用 **enumerate()** 包住要走訪的容器，它會每次傳回一個『(索引 , 值)』的 tuple：

```
In
         ── 用兩個變數接收索引和值 (Python 會自動『解包』 tuple 元素)
for index, char in enumerate(reversed('Python')):
    print(index, char)
```

```
Out
0 n
1 o
2 h
3 t
4 y
5 P
```

☑ 應付 16 進位數字的 A 到 F

最後，我們該如何應付 16 進位數字中的 A 到 F 數值？可以是用 Python 函式 **ord()** 把這些『文字』轉成 ASCII 碼 (A 為 65, F 為 70), 再減去 (65 - 10) 後就能對應到 10 ~ 15 的值：

```
In
print(ord('A'))
print(ord('F'))
```

```
Out
65
70
```

要注意的是小寫的 a, b...f 會有不同的 ASCII 碼。為了統一起見，可以將使用者輸入的字串用 **upper()** method 統一轉成全大寫。

參 考 解 答

■ Python Tutor 連結: https://www.flag.com.tw/Redirect/F1750/04

```
In
def hex_to_dec():
    hexnum = input('輸入十六進位數字: ')
    decnum = 0
                                           走訪反序字串, 逐次取得索引和元素
    for power, digit in enumerate(reversed(hexnum)):◀┐
        if digit.isdigit():◀── 如果字元是 0-9, 直接轉成整數
            digit_num = int(digit)
        else:◀── 其他字元 (A-F) 用 ASCII 碼換算成 10-15
            digit_num = ord(digit.upper()) - ord('A') + 10
        decnum += digit_num * (16 ** power)◀── 換算每個位數在 10 進位的值並加總

    print('十進位結果:', decnum)

hex_to_dec()
```

NEXT

`Out`

輸入十六進位數字: 2A

十進位結果: 42

延 伸 技 巧

☑ 直接用 int() 轉換不同進位數

其實，你能用 int() 來直接轉換不同進位數，用起來也非常簡單：

`In`
```
hexnum = input('輸入十六進位數字: ')
                    ┃── 第 1 個參數必須是字串
decnum = int(hexnum, 16)
                    ┃── 第 2 個參數代表字串內的數值是幾進位
print('十進位結果:', decnum)
```

`Out`

輸入十六進位數字: 0x2A

十進位結果: 42

MEMO

字串處理

就和數值一樣，字串也是我們在 Python 中最常接觸的資料
型別之一。Python 字串特別之處在於它也是容器，可以像
list 一樣走訪。如我們在第 1 章已經看過的，你可以用迴圈
逐次處理字串中的每個字元。

在這一章中，我們將來看更多處理 Python 字串的手法。

練習 05 豬拉丁文

『豬拉丁文』(Pig Latin) 是 20 世紀早期流行的一種兒童語言遊戲，其前身甚至可追溯自莎士比亞的年代。這種遊戲的規則非常簡單：

1. 如果一個英文單字的字首是母音 (a, e, i, o, u), 在單字結尾加上『way』。例如：

單字	轉換後
air	air**way**
eat	eat**way**

2. 如果該單字的字首不是母音，就把字首挪到結尾並加上『ay』。例如：

單字	轉換後
python	ython**pay**
computer	omputer**cay**

你在這個練習便要寫一個 Python 函式，能把一個英文單字翻譯成『豬拉丁文』。別小看這個練習，因為你將運用到走訪字串、搜尋字串和字串切片這些必備技巧。

 uestion

寫一個 pig_latin() 函式，接收一個字串參數 (一個英文單字)，將之轉換成『豬拉丁文』後傳回。

解 題 思 考

☑ 用索引取出字元

Python 字串和 list 一樣, 每個字元可用索引來取得:

```
In
word = 'apple'
print(s[0])  ◀── 索引 0 的字元
print(s[4])  ◀── 索引 4 的字元
-----------------------------------------
Out
a
e
```

在 Python 字串中, 字串的每個字元也是一個字串 (str 型別), 只是長度為 1 而已。

☑ 檢查字元是否存在於字串中

那麼, 要如何檢查一個單字的字首是不是母音呢？你也許會寫出下面這樣的程式:

```
In
if word[0] == 'a' or word[0] == 'e' or word[0] == 'i' or word[0] == 'o' or 接下行
word[0] == 'u':
    # 處理字串
```

但這樣不怎麼優雅, 判斷式重複太多次了。

幸好, 就像檢查 list 中是否含有某個值, 你能用 **in** 算符來檢查一個字元是否存在於某個字串內:

```
In
if word[0] in 'aeiou':
    # 處理字串
```

☑ 字串的擷取——切片

最後，若單字不是以母音開頭，就得把字首搬到結尾。這時可使用**切片** (slicing) 技巧將字串切成兩塊後重新組合。

Python 的切片語法如下：

字串 [起始索引 : 終點索引 (不含)]

例如, 下面會取出字串中索引 3 至 5 的部分：

```
In
word = 'computer'
print(word[3:6])
```

```
Out
put
```

如果你想切出從索引 N 的字母到結尾的字串, 可以省略終點索引：

```
In
word = 'computer'
print(word[3:])
```

```
Out
puter
```

同理, 你也可以省略起點索引, 好表示要從字串開頭擷取到什麼位置:

```
In
word = 'computer'
print(word[:6])  ◀── 相當於 word[0:6]
```

```
Out
comput
```

參 考 解 答

■ Python Tutor 連結: https://www.flag.com.tw/Redirect/F1750/05

```
In
def pig_latin(word):
    if word[0] in 'aeiou':
        return word + 'way'
    else:
        return word[1:] + word[0] + 'ay'
                                └── 這也可以寫成 word[:1]

print(pig_latin('python'))
```

字串是不可變物件

Python 字串有個很重要的特色，就是它其實是**不可變 (immutable)** 的。

例如，你沒辦法單獨更改字串中的某個字元：

```
In
word = 'python'
word[0] = 'a'
```

```
Out
Traceback (most recent call last):        字串物件不支援元素指派
  File "<pyshell>", line 1, in <module>
TypeError: 'str' object does not support item assignment
```

當你修改字串並重新指派給某變數名稱時，Python 其實是建立新字串，和原始
字串是不同物件：

```
In
word = 'Python'
print(id(word))      ◄── 檢視物件 id

word = word + ' Workout'   ◄── 修改字串變數指向的內容
print(id(word))
```

```
Out
2292699302576 ┐
2292731497392 ┘── id 顯示兩個字串是不同物件
```

延伸技巧

☑ f-string 字串格式化

在 Python 程式中組合字串時，使用大量 + 號來連結字串會讓程式碼顯得冗長。甚至若資料不是字串的話，還得用 str() 先轉換成字串。但若改用字串格式化，就可化繁為簡，更輕鬆控制輸出的字串格式。

Python 中提供了幾種字串格式化，其中從 Python 3.6 起提供的 **f-string** 是最簡單易用的一種：

f' 文字 { 變數名稱 1} 文字 { 變數名稱 2} ...'

↑
字串前面要加 f

在 f-string 中，大括號 {} 內的變數名稱會拿變數的值填入，成為新字串的一部分 (且不管是什麼型別的值都無所謂)。這麼一來，程式碼自然變得更加簡潔：

```
In
def pig_latin(word):
    if word[0] in 'aeiou':
        return f'{word}way'
    else:
        return f'{word[1:]}{word[0]}ay'

print(pig_latin('python'))
```

 小編註：字串格式化的 {} 內也可寫運算式, 輸出結果便會使用該運算式的值。

練習 豬拉丁文 —— 句子翻譯機

延續上個練習題，這回我們要把『豬拉丁文』規則套用到整個句子上。

Question

寫一個函式 pl_sentence()，輸入一個英文句子 (包括若干單字，假設使用者只輸入小寫字)，將裡面所有詞轉換成『豬拉丁文』並傳回新句子。

```
In
print(pl_sentence('this is a test'))
```

```
Out
histay isway away esttay
```

解題思考

☑ 將單字分割為 list 元素

一個英文句子會由多個單字組成，每個字以空格分開。你可使用字串物件的 split() method 來將這些單字分割為 list，如此一來就更容易用迴圈走訪和處理：

```
In
a = 'abc def ghi'
print(a.split(' '))
```
    └── 指定空白字元為分割點

```
Out
['abc', 'def', 'ghi'] ◀──
傳回一個 list, 其元素為分割後的單字
```

 若不指定 split() 的分割字元, 預設就會使用空格。

☑ 將 list 的字串元素接起來成一個字串

至於分割後的 list, 可用字串物件的 **join()** method 連接成一整個字串, 這些元素會拿該字串的內容當成分隔字元:

```
In
' '.join(['abc', 'def', 'ghi'])
   ┗━━ 以空白字元當分隔字元, 將 list 元素接起來
┄┄┄┄┄┄┄┄┄┄┄┄┄┄┄┄┄┄┄┄┄┄┄┄┄┄┄┄┄┄┄┄┄┄┄┄┄┄┄┄┄┄┄┄┄┄┄┄
Out
'abc def ghi'
```

注意容器的元素本身**必須也是字串**。若呼叫空字串的 join() (即 **''.join()**), 那麼 list 各元素就會毫無間隔連在一起。

參 考 解 答

■ Python Tutor 連結: https://www.flag.com.tw/Redirect/F1750/06

```
In
def pl_sentence(sentence):
    output = []◄── 用一個 list 來收集轉換過的每個單字
    for word in sentence.lower().split():◄── 將句子 (先轉成小寫) 中的
                                            每個單字拆開並走訪之
        if word[0] in 'aeiou':
            output.append(f'{word}way')  ◄── 將轉換過的單字加入 list
        else:
            output.append(f'{word[1:]}{word[0]}ay')
    return ' '.join(output) ◄── 將 list 轉回字串

print(pl_sentence('this is a test'))
```

練習07 ROT13 加密法

ROT13 是一種非常簡單的加密法，在早年的網路論壇很常用——其規則是將每個英文字母換成往後面數第 13 個字母 (若超過字母範圍，就回頭從 A 繼續算起)：

單字	轉換後
apple	nccyr
nccyr	apple

ROT13 這類加密法又稱為凱薩替換加密法 (Caesar cipher)。既然英文是 26 個字母，對同一個詞使用 ROT13 兩次 (或偶數次) 就會得到原本的詞。

uestion

> 寫一個 rot13() 函式，能將輸入的單字以 ROT13 方式加密。(為了簡化起見，我們只處理單詞而不是一個句子。)

解 題 思 考

☑ 字母與 ASCII 碼互轉

由於現在得將句子中每個單字的每個字母做轉換，你可第 1 章練習 4 的方式以 **ord()** 函式取得字母的 ASCII 碼，加上 13 後再用 **chr()** 函式轉回字母。如此一來，你就得到了該字母往後的第 13 個字母：

```
In
chr(ord(c) + 13)
```

　　但注意, 若 ASCII 碼加上 13 後超過字母 Z 的 ASCII 值, 就必須回頭減去 26 (A 和 Z 的差距即為 26)。

 其實 Python 字串採用 UTF-8 編碼, 但對英文、數字、標點符號來說, 其 UTF-8 碼剛好和 ASCII 碼相同。

參 考 解 答

■ Python Tutor 連結: https://www.flag.com.tw/Redirect/F1750/07

```
In
def rot13(word):
    output = []       ◀── 也可寫成 output = list()
    for c in word.lower():   ◀── 走訪單字的每個字母
        new_ord = ord(c) + 13   ◀── 得出往後算的第 13 個字母
        if new_ord > ord('z'):   ◀── 檢查移動後是否超過 Z, 是的話就往回減 26 (從 A 算起)
            new_ord -= 26
        output.append(chr(new_ord))
    return ''.join(output)   ◀── 將轉換後的字母重新拼成單字
                                (這裡要呼叫空字串的 join())
print(rot13('apple'))
```

延 伸 技 巧

☑ 使用內建的 ROT13 加密法：codecs.encode()

　　其實, Python 本身的 **codecs** 模組剛好支援 ROT13 加密法, 所以你甚至根本不需自己轉換：

```
In
import codecs
print(codecs.encode('apple', 'rot_13'))
```
```
Out
nccyr
```

小知識：為什麼用字串『累加』內容不見得是好主意

如果把上面的範例改寫，直接用字串累加的方式轉換好的字母，感覺更簡單直覺吧？

```
In

def rot13(word):
    output = ''
    for c in word.lower():
        new_ord = ord(c) + 13
        if new_ord > ord('z'):
            new_ord -= 26
        output += chr(new_ord)   ◄── 直接用字串『收集』字母
    return output


print(rot13('apple'))
```

但這樣卻不見得是好事，為什麼呢？

前面曾提過，Python 字串是不可變的物件。因此每次你指派新的值給字串變數時，實際上就是在分配新記憶體來建立新字串物件。字串很短的話還無所謂，但要處理大量資料時，就會不停地建立新物件，連帶影響記憶體用量跟效能了。

練習 08 字元排序

前面我們知道，字串本身是不可變物件，你不能直接修改其各別元素。那麼若想讓字串內的字母排序 (依其 ASCII 碼由小到大)，要怎麼做呢？

Question

寫一個函式 strsort(), 輸入一個字串, 傳回字母排序後的新字串。

解題思考

☑ 字串排序：sort() vs. sorted()

字串沒辦法直接排序，但是 list 可以。因此，只要將字串轉為 list, 再呼叫其 **sort()** method 即可：

```
In
s = 'python'
l = list(s)
l.sort()   ◀—— 排序 list 元素
print(l)
```
```
Out
['h', 'n', 'o', 'p', 't', 'y']
```

但還有一個更簡潔的方式，就是將字串傳入 Python 內建的 **sorted()**，它會直接將元素排序後傳回新的 list：

```
In
s = 'python'
print(sorted(s))
```

```
Out
['h', 'n', 'o', 'p', 't', 'y']
```

得到排序後的 list 後，再用 ''.join() 將元素重新結合成字串就行了。

 list 的 sort() method 和 sorted() 的差別在於, 前者會永久改變 list 內容, 但後者不會, 而是傳回排序後的新 list。

參 考 解 答

■ Python Tutor 連結: https://www.flag.com.tw/Redirect/F1750/08

```
In
def strsort(s):
    return ''.join(sorted(s))

print(strsort('python'))
```

延 伸 技 巧

☑ 用自訂的方式排序元素

雖然前面的字串排序看來很簡單，但遇上內容有大小寫之分的單字，就會有些棘手。比如：

```
In
print(strsort('Python'))
              └── P 是大寫
```

```
Out
Phnoty
```

由於大小寫字母的 ASCII 碼不同,導致大寫字被排在前面。

若想讓所有字母不分大小寫、都按字母順序排列,又不想破壞原本的大小寫格式,你可以給 sorted() 的第二個參數 key 傳入一個 str.lower() 函式。sorted() 會將每個元素輸入該函式,並根據其傳回值來從小到大排序:

```
In
def strsort(s):
    return ''.join(sorted(s, key=str.lower))
                                └── 傳入字串轉小寫函式 (取所
                                     有字母的小寫格式來排序)
print(strsort('Python'))
```

```
Out
hnoPty
```

在上面的程式中,所有字元不論大小寫,都會取其小寫字母的 ASCII 碼來排序。如此一來,單字不僅能正確排序,原始的格式也得以保留了。

MEMO

list 與 tuple

幾乎每一種程式語言都內建了能用來處理大量資訊的資
料結構。在 Python 中，我們有 list（串列）和 tuple（元
組）——由於它們是 Python 序列 (sequence) 物件（前一
章提到的字串也是），所以可以用 for...in 迴圈走訪、用切片
取值、以 in 算符判斷元素是否存在等等。

在這一章，我們則要來進一步探討如何應用 list 與 tuple 處
理資料。

 Python list/tuple 這類資料結構也稱為集合 (collection) 或容
器 (container)。

list 是不是陣列？和 tuple 到底有何差別？

　　Python 並沒有其他程式語言中的 array（陣列）；其主要的集合資料結構就是 list。

　　list 和 array 的差別在於，array 大小是固定的，list 卻能動態增減元素。有趣的是，list 實際上是個由一群指標 (pointers) 所構成的陣列，用來指向 Python 物件 (元素)。

　　既然 list 背後是陣列，它怎麼有辦法動態增減呢？這是因為 Python 總會多分派一些額外空間，好讓這個指標陣列能在盡量不造成系統的負擔下加入新元素。等額外空間用完後，Python 就會分派新空間和把指標陣列搬過去。相對的，不可變的 tuple 永遠只會根據元素數量分配剛好的空間。

　　下面來做個簡單驗證，這段程式碼會不斷增加 mylist 的長度，並用 **sys.getsizeof()** 來測量它和其 tuple 版本的記憶體大小：

```
In
import sys

mylist = []
for i in range(15):
    l_size = sys.getsizeof(mylist)
    t_size = sys.getsizeof(tuple(mylist))   ◀── 計算 list 與 tuple 大小 (bytes)
    print(f'len = {len(mylist)}, list size = {l_size}, tuple size = {t_size}')
    mylist.append(i)
```

```
Out
len = 0, list size = 56, tuple size = 40
len = 1, list size = 88, tuple size = 48
```

NEXT

```
len = 2, list size = 88, tuple size = 56
len = 3, list size = 88, tuple size = 64
len = 4, list size = 88, tuple size = 72
len = 5, list size = 120, tuple size = 80
len = 6, list size = 120, tuple size = 88
len = 7, list size = 120, tuple size = 96
len = 8, list size = 120, tuple size = 104
len = 9, list size = 184, tuple size = 112
len = 10, list size = 184, tuple size = 120
len = 11, list size = 184, tuple size = 128
len = 12, list size = 184, tuple size = 136
len = 13, list size = 184, tuple size = 144
len = 14, list size = 184, tuple size = 152
```

你看到的數字，取決於 Python 環境版本會有些不同，不過仍然可看出，list 等元素增加到一定數量才會增加空間，tuple 則是完全根據元素數量分配空間。

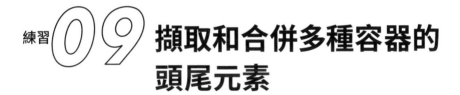

練習 **09** 擷取和合併多種容器的
頭尾元素

若你學過 Java 或 C 等語言，然後發現 Python 居然不會強制規定變數的型別時，想必會非常訝異。但正因有這種彈性，你在 Python 可以只寫一個函式就能處理各種型別的資料。

 Python 也不支援其他語言的函式多載 (overloading)；若你在 Python 中重複定義函式，後面的就會直接蓋掉前面的。

在本題中，我們要寫一個函式，能用同樣的程式碼處理 list、tuple 或字串物件，並根據參數輸出同樣型別的結果。

uestion

寫一個函式 first_last()，輸入一個序列物件當參數，它會從中擷取出最前面和最後面的元素，並以<u>跟參數物件相同的型別</u>傳回之：

```
In
print(first_last('abcde'))
print(first_last([1, 2, 3, 4, 5]))
```

```
Out
'ae'
[1, 5]
```

解 題 思 考

☑ 取得容器的最末元素

假設傳入 first_last() 的序列參數名為 seq，想取出最前面的元素不難，只要讀取 seq[0] 就行了。那麼，要如何取得最末元素？

你或許會用容器的長度減去 1 來當成該元素索引：

```
In
seq[len(seq) - 1]
```

不過，這還有個更簡單的做法：你可以用**負索引**來倒回去取值的。-1 代表倒數第一個元素，-2 是倒數第二個，以此類推：

```
In
seq[-1]
```

☑ 用切片取得容器的最末元素

若照前面的方式取得字串的頭尾元素，可以用 + 號將之合併：

```
In
seq = 'python'
print(seq[0] + seq[-1])
```
```
Out
pn
```

但對 list 或 tuple 這麼做時，卻有可能得到不正確的結果：

```
In
seq = [1, 2, 3, 4, 5]
print(seq[0] + seq[-1])
```
```
Out
6
```

這是因為取出的型別是元素的型別，因此實際上相加的是元素本身。字串沒有這個問題，是因為從字串取出的元素也是字串，而字串的相加會是相連 (concatenation), 使得結果仍是字串。

如果我們拿兩個 list 相加，會看到它們合併成了新的 list：

```
In
print([1] + [5])
```
```
Out
[1, 5]
```

因此，你必須用切片的方式擷取容器頭尾元素，使取出的東西成為只有單一元素的同型別容器 (list 切片得到 list, 字串切片得到字串，以此類推)：

```
In
seq[:1]    ◀── seq 開頭元素的切片
seq[-1:]   ◀── seq 最末元素的切片
```

參考解答

■ Python Tutor 連結: https://www.flag.com.tw/Redirect/F1750/09

```
In
def first_last(seq):
    return seq[:1] + seq[-1:]

print(first_last('abcde'))
print(first_last([1, 2, 3, 4, 5]))
```

練習 *10* 萬用加總函式

現在看到了 Python 函式如何能處理多種型別的資料，我們就要來改寫第 1 章 練習 2, 讓 mysum() 變成可以接收數字、字串、list 等型別的萬用相加函式：

```
In
print(mysum())
print(mysum(10, 20, 30, 40))
print(mysum('abc', 'd', 'e'))
print(mysum([10, 20, 30], [40, 50], [60]))
```

```
Out
()  ◄── 沒有傳入資料, 傳回空 tuple
100
Abcde
[10, 20, 30, 40, 50, 60] ┐◄── 字串與 list/tuple 元素會相連
```

uestion

撰寫 mysum() 函式, 讓它做以下的事：

1 用解包算符 (*) 接收數量不定的資料。若沒有輸入任何資料, 就直接傳回一個空 tuple。

2 如果有資料, 將資料加起來或連接 (這裡假設資料都可以使用 + 算符), 並用同樣的型別傳回。

解題思考

☑ 判斷容器是否為空

之前提過函式以 * 接收的不定數量參數，會被收集在一個 tuple 容器內。但要如何判斷容器是否為空呢？你或許會使用 len() 來判斷其長度是否為 0。

不過，一個更快的辦法是直接拿容器本身來做邏輯判斷，因為空容器和空字串一樣會被視為 False, 有元素則是 True (見練習 3 延伸技巧)：

```
In
t = ()  ◀── 建立空 tuple (也可寫成 t = tuple())
if t:
    print('not empty')
else:
    print('empty')
```
```
Out
empty
```

參考解答

■ Python Tutor 連結: https://www.flag.com.tw/Redirect/F1750/10

```
In
def mysum(*items):
    if not items:  ◀── 如果 item (tuple 容器) 為空，就直接將之傳回
        return items
    output = items[0]  ◀── 先取得索引 0 元素, 讓變數獲得同樣的型別
    for item in items[1:]:
        output += item  ◀── 走訪剩下的 item 元素和相加或相連元素
    return output  ◀── 傳回結果
```

NEXT

```
print(mysum())
print(mysum(10, 20, 30, 40))
print(mysum('abc', 'd', 'e'))
print(mysum([10, 20, 30], [40, 50], [60]))
```

延 伸 技 巧

☑ dict 的加總或合併

由於 dict (字典) 容器結構不同 , 上面的範例沒辦法套用於多個 dict 的合併。

在 Python 語言中 , 合併 dict 有幾種方式 :

```
In
d1 = {'A': 1, 'B': 2}
d2 = {'C': 3}
print({**d1, **d2})    ◀── 用 ** 解包 dict 元素後再產生新的 dict (不影響 d1 和 d2)
d1.update(d2)          ◀── 將 d2 併入 d1 (會改變 d1)
print(d1)
--------------------------------------------------------------------------------
Out
{'A': 1, 'B': 2, 'C': 3}
{'A': 1, 'B': 2, 'C': 3}
```

 小編註 : dict 的鍵是不能重複的。若併入的 dict 含有同樣的鍵 , 新的鍵與值就會蓋過舊的。

值得注意的是，Python 3.9 起新增了 dict 聯集算符，功能與上面相同，但語法更加簡潔：

```
In
d1 = {'A': 1, 'B': 2}
d2 = {'C': 3}
print(d1 | d2)    ←── 傳回合併的新 dict
d1 |= d2          ←── 將 d2 併入 d1
print(d1)
--------------------------------------------------
Out
{'A': 1, 'B': 2, 'C': 3}
{'A': 1, 'B': 2, 'C': 3}
```

我們可將 mysum() 修改如下，使它能一併處理 dict：

```
In
def mysum(*items):
    if not items:
        return items
    output = items[0]
    for item in items[1:]:                用 isinstance() 判斷 item 是否為
        if isinstance(item, dict):   ←── dict 型別，若是就用聯集算符
            output.update(item) ←── 在 Python 3.9 也可寫成 output |= item
        else:
            output += item
    return output

print(mysum({'A': 1, 'B': 2}, {'C': 3}))
```

練習 **11** 依姓名排序聯絡資料

假設你有下面這個聯絡人名單，是準備出席高峰會的各國元首：

```
people = [
    ('Joe', 'Biden', 'president@usa.gov'),
    ('Emmanuel', 'Macron', 'president@france.gov')
    ('Justin', 'Trudeau', 'primeminister@canada.gov'),
    ('Angela', 'Merkel', 'primeminister@germany.gov'),
    ('Jacinda', 'Ardern', 'primeminister@newzealand.gov')
    ]
```

此 list 裡的每個 tuple 都是一筆資料，記錄了一個人的名 (first name)、姓 (last name) 和 email。現在，請按照『姓→名』的順序來排序這些資料，並以下面這樣的形式印出：

```
Out
Ardern, Jacinda: primeminister@newzealand.gov
Biden, Joe: president@usa.gov
Macron, Emmanuel: president@france.gov
Merkel, Angela: primeminister@germany.gov
Trudeau, Justin: primeminister@canada.gov
```

uestion

寫一個函式 alphabetize_names()，能傳回按照「姓→名」順序來排序的聯絡人名單 list，並將之印出來。

解題思考

☑ 對複合元素排序

對於上述的聯絡人名單，你直覺也許會套用 sorted() 函式來排序：

```
In
people = [
    ('Joe', 'Biden', 'president@usa.gov'),
    ('Emmanuel', 'Macron', 'president@france.gov')
    ('Justin', 'Trudeau', 'primeminister@canada.gov'),
    ('Angela', 'Merkel', 'primeminister@germany.gov'),
    ('Jacinda', 'Ardern', 'primeminister@newzealand.gov')
    ]

for person in sorted(people):
    print(person)
```
```
Out
('Angela', 'Merkel', 'primeminister@germany.gov')
('Emmanuel', 'Macron', 'president@france.gov')
('Jacinda', 'Ardern', 'primeminister@newzealand.gov')
('Joe', 'Biden', 'president@usa.gov')
('Justin', 'Trudeau', 'primeminister@canada.gov')
```

但可以看到，sorted() 會先以 tuple 中的元素 0 (名) 排序，然後才是元素 1 (姓)、元素 2 (電郵)，這樣自然是不正確的。

為了能以姓優先、名其次的規則排序，你得對 sorted() 的 key 參數指定一個函式，其傳回值會成為 sorted() 的排序基準：

```
In
def last_to_first_sorting(d):
    return (d[1], d[0])    ← 傳回 (姓, 名)

                           ┌── 指定先用姓排序, 再用名排序
                           ▼
for person in sorted(people, key=last_to_first_sorting):
    print(person)
```

```
Out
('Jacinda', 'Ardern', 'primeminister@newzealand.gov')
('Joe', 'Biden', 'president@usa.gov')
('Emmanuel', 'Macron', 'president@france.gov')
('Angela', 'Merkel', 'primeminister@germany.gov')
('Justin', 'Trudeau', 'primeminister@canada.gov')
```

☑ 在 sorted() 使用 lambda 函式

不過，由於上面 last_to_first_sorting 函式的內容很短，你也可以用 lambda 匿名函式改寫它，好進一步精簡程式碼。

lambda 關鍵字允許你撰寫僅有一行的函式，裡面只包含一個運算式，該運算式的結果會被自動傳回：

函式 = lambda 參數 : 運算式

比如，下面用 lambda 寫了個能計算平方根的函式 sqrt()：

```
In
sqrt = lambda n: n ** 0.5
print(sqrt(16))
```

```
Out
4
```

這相當於以下的函式定義：

```
In
def sqrt(n):
    return n ** 0.5
```

參 考 解 答

■ Python Tutor 連結: https://www.flag.com.tw/Redirect/F1750/11

```
In
people = [
    ('Joe', 'Biden', 'president@usa.gov'),
    ('Emmanuel', 'Macron', 'president@france.gov'),
    ('Justin', 'Trudeau', 'primeminister@canada.gov'),
    ('Angela', 'Merkel', 'primeminister@germany.gov'),
    ('Jacinda', 'Ardern', 'primeminister@newzealand.gov')
    ]
                                 lambda 的參數 d 每次會收到一組 tuple 資料
                                              ↓
for person in sorted(people, key=lambda d: (d[1], d[0])):
    print(f'{person[1]}, {person[0]}: {person[2]}')
```

延 伸 技 巧

☑ 使用 operator.itemgetter() 取代 lambda

許多 Python 程式設計師不太喜歡使用 lambda, 因為它們的可讀性比較差。而當容器內每個元素也是容器時, 你其實也可使用 operator 模組的 **itemgetter()** 函式傳給 sorted() 的 key 參數。

itemgetter() 本身會傳回一個函式, 效果跟前面用 lambda 寫的函式相同, 但你只要指定子容器的索引即可：

```
In
import operator

d = [1, 2, 3, 4, 5]
select1 = operator.itemgetter(1)        ◀── 相當於 lambda d: d[1]
select2 = operator.itemgetter(4, 2)     ◀── 相當於 lambda d: (d[4], d[2])

print(select1(d))
print(select2(d))
```
```
Out
2
(5, 3)
```

因此，前面的練習能改寫如下，可讀性就更好了：

```
In
for person in sorted(people, key=operator.itemgetter(1, 0)):
    print(f'{person[1]}, {person[0]}: {person[2]}')
```

練習 **12** 用排版格式輸出容器資料

假設你手上有下面這樣的資料表，記錄學生的姓名及成績：

```
grades = [
    ('Alice', 'Wooding', 89),
    ('Bob', 'Johnson', 86),
    ('Cindy', 'Letterman', 93),
    ('David', 'Moor', 86),
    ('Eddie', 'Williams', 91)
    ]
```

現在我們想按照成績由高至低排序這些資料，並傳回一個字串，用一目了然的排版方式列出成績榜單：

```
Out
Letterman    Cindy      93.0
Williams     Eddie      91.0
Wooding      Alice      89.0
Johnson      Bob        86.0
Moor         David      86.0
```

uestion

> 寫一個函式 sorted_grades()，會將資料照成績排序後，以字串格式化加入適當的間隔與換行，並將此字串傳回 (不要在函式內直接印出)。

解題思考

☑ f-string 的樣式設定

前面我們已經學過，如何用 f-string 來輸出格式化字串：

```
In
                     將 grades 的每個 tuple 元素直接拆開成三個變數
for first, last, grade in grades:
    print(f'{last} {first} {grade}')
```

但是, 要如何讓每個欄位的資料上下對齊？這時你可設定每個欄位的寬度：

```
In
for first, last, grade in grades:
                                浮點數 (f), 不指定整數位數, 小數四捨五入到 1 位
                                              ↓
    print(f'{last:12s}{first:10s}{grade:.1f}')

    格式為字串 (s), 12 格      字串, 10 格
```

 小編註：如果想更深入了解 Python 字串格式化, 以下網站有很完整的範例：
https://pyformat.info/

參考解答

■ Python Tutor 連結: https://www.flag.com.tw/Redirect/F1750/12

```
In
import operator
                                        由大到小
def sorted_grades(grades):               ↓
    grades.sort(key=operator.itemgetter(2), reverse=True)←— 用 list.sort()
    output = []                                            method 排序資料
    for first, last, grade in grades:
        output.append(f'{last:12s}{first:10s}{grade:.1f}')←—
                                          將格式化字串存入要輸出的 list
    return '\n'.join(output) ←—
                            用換行符號 (\n) 將 list 的所有字串
                            接成單一字串, 使它們自動分行
grades = [
    ('Alice', 'Wooding', 89),
    ('Bob', 'Johnson', 86),
    ('Cindy', 'Letterman', 93),
    ('David', 'Moor', 86),
    ('Eddie', 'Williams', 91)
    ]
print(sorted_grades(grades)) ←— 印出字串
```

延伸技巧

☑ 使用 format() 格式化結合容器解包

在 f-string 之外，Python 字串物件也有 **format()** method 可用來做字串格式化：

```
In
for first, last, grade in grades:
    print('{1:12s}{0:8s}{2:5.1f}'.format(first, last, grade))
```
用索引 0, 1, 2 來存取 format() 內的參數

可以看到不同於 f-string 直接使用變數名稱，format() 是傳入一系列參數，並以參數的索引來識別之。

如果不指定索引，就依傳入參數的順序來取值：

```
In
for first, last, grade in grades:
    print('{:12s}{:8s}{:5.1f}'.format(last, first, grade))
```
last 會被放進第一個 {}

但是，正因 format() 是個函式，你可以用 * 號來**解包 (unpack)** 一個容器傳值給它。這樣一來，你就不必手動拆解每筆資料的欄位：

```
In
for grade in grades:
    print('{1:12s}{0:8s}{2:.1f}'.format(*grade))
```
grade 會透過 * 將其元素拆解出來傳入 format()

於是，本題也可寫成如下：

```
In
import operator

def sorted_grades(grades):
    grades.sort(key=operator.itemgetter(2), reverse=True)
    output = []
    for grade in grades:
        output.append('{1:12s}{0:8s}{2:5.1f}'.format(*grade))
    return '\n'.join(output)
```

練習 尋找單字中重複最多次的
字母

uestion

在本題中，寫一個函式 most_repeated_letter()，傳入一個單字，傳
回該字中重複最多次的字母及次數：

```
In
print(most_repeated_letter('independence'))
```
- -
```
Out
e 重複了 4 次 ◀── 『independence』 重複最多次的字母及重複次數
```

解題思考

☑ 取得字串中所有不重複的字母

為了調查一個單字內的哪些字母重複幾次，首先得知道該單字是由哪些字母構成。我們可使用 **set()** 來將字串轉為 **set（集合）** 資料結構。(第 4 章會再討論到 set 的特性。)

set 的元素 (鍵) 絕不能重複，不管你加入多少鍵都一樣。所以我們可藉此整理出單字的『字母表』:

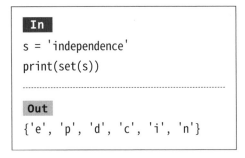

```
In
s = 'independence'
print(set(s))
```
```
Out
{'e', 'p', 'd', 'c', 'i', 'n'}
```

可見單字 independence 是由 c, d, e, i, n, p 這 6 個字母組成。

你執行時顯示的字母順序可能會不同，這是因為 set 是無序容器，元素順序會隨機排列。相對的，dict 的鍵 (從 Python 3.6 起) 會依加入的順序排列。

☑ 計算元素在容器出現的次數

知道有哪些字母後，你便可用 list 或 str 物件的 count() method 來計算某元素出現的次數:

```
In
s = 'independence'
print(s.count('e'))  ◀── 計算 e 出現的次數
```
```
Out
4
```

☑ 走訪字串和查詢每個字母出現的次數

現在，只要合併前面兩個技巧，並將 set() 傳回的結果轉成 list，就能用迴圈走訪它、逐一算出各字母以及它們各自在單字中出現的次數：

```
In
word = 'independence'
letters = list(set(word))

letters_count = []
for letter in letters:               把字母和出現次數包成 tuple
    letters_count.append((letter, word.count(letter)))
print(letters_count)
```
```
Out
[('n', 3), ('d', 2), ('e', 4), ('i', 1), ('p', 1), ('c', 1)]
```

這時只要根據出現每個字母的出現次數排序，就知道出現最多次的是哪個了。

參 考 解 答

■ Python Tutor 連結: https://www.flag.com.tw/Redirect/F1750/13

```
In
import operator

def most_repeated_letter(word):
    letters = list(set(word))
    letters_count = []                   將每個字母和其重複次數以
    for letter in letters:               tuple 放入letters_count
        letters_count.append((letter, word.count(letter)))
                    對 letters_count 根據重複次數排序，取回最末元素
    result = sorted(letters_count, key=operator.itemgetter(1))[-1]
    print(f'{result[0]} 重複了 {result[1]} 次')   ◀── 顯示結果

most_repeated_letter('independence')
```

延 伸 技 巧

☑ 使用 Counter 計數器容器來統計

　　如果覺得像前面用 count() 來一個個統計字母的出現次數很麻煩，可使用另一個 Python 容器 Counter：

```
In
from collections import Counter

s = 'independence'
letter_count = Counter(s)
print(letter_count)
```
```
Out
Counter({'e': 4, 'n': 3, 'd': 2, 'i': 1, 'p': 1, 'c': 1})
```

　　可以看出來，Counter 容器其實是一種特殊形式的 dict。這時呼叫 Counter 物件的 most_common() method，就會將每個字母以及其出現次數照順序轉成 list：

```
In
print(letter_count.most_common())
```
```
Out
[('e', 4), ('n', 3), ('d', 2), ('i', 1), ('p', 1), ('c', 1)]
     ↑
每個字母和其出現次數會組成一個 tuple 元素
```

most_common() 也可以填入參數 , 指定要傳回幾筆結果 :

```
In
print(letter_count.most_common(1)) ◀── 傳回 1 筆結果
```
```
Out
[('e', 4)] ◀── 雖然只有 1 個 tuple, 但仍包在 list 中
```

可見即使指定傳回幾筆結果 , 資料仍會包在一個 list 中 , 因此在取值時記得考慮到這一層容器。

因此 , 我們能改寫前面的練習如下 :

```
In
import operator
from collections import Counter
                                    ┌── 取出重複次數最多的字母及其次數
def most_repeated_letter(word):     ▼ ▼
    result = Counter(word).most_common(1)[0]
    print(f'{result[0]} 重複了 {result[1]} 次')

word = 'independence'
most_repeated_letter(word)
```
```
Out
e 重複了 4 次
```

MEMO

dict 與 set

除了 list 和 tuple,**dict (字典)** 與 **set (集合)** 也是 Python
最重要和最強大的資料結構,它們相當於其他程式語言的
雜湊表 (hash tables) 或關聯陣列 (associative array)。

在前面的章節中，我們已經看過這些容器的身影。既然 dict 每筆資料都是一對鍵與值，且鍵不得重複，因此很適合拿來當成小型資料庫，或記錄一對對高度相關的資料：

```
fruit = {
    '蘋果': 'red',  ◀—— 水果資料, 鍵為名稱, 值則為顏色
    '香蕉': 'yellow',
    '芭樂': 'green'
    }
```

set 則像是有鍵卻沒有值的 dict，可拿來過濾重複的資料。

 關於 dict 與雜湊表

為了能夠很快的在 dict 用鍵查到對應的值，Python 在儲存一組鍵與值時，會先呼叫 hash() 產生該鍵的雜湊值 (hash value)，並把這對鍵與值儲存在該雜湊值指向的記憶體位置。這麼一來，不管 dict 有多大，搜尋動作就只有一步 (時間複雜度 O(1)) 而已，非常快速。

因此，Python 的 dict 不只程式設計師會用，連 Python 本身都拿來用於幕後作業。但 dict 的限制是其鍵必須是**可雜湊的 (hashable)**；你不能使用 list 或 set 這類可變物件當作鍵。

附帶一提，Python 3.6 起大幅改造了 dict，使之能省下三分之一記憶體，輸出時內容也會按照元素的輸入順序排列。在 Python 3.5 以前，內容會和 set 一樣隨機排序，使得你必須使用 collections 模組的 OrderedDict 容器才能做到同樣的排序效果。

練習 **14** 餐廳點餐機

既然 dict 可以用來當成小型資料庫，這裡我們就來寫一個能讓使用者點餐的程式，該程式會用 dict 記錄菜單，以便查詢餐點對應的價格。

假設有間餐廳供應三種餐點：

名稱	價格
三明治	50
咖啡	40
沙拉	30

程式的輸出結果會像下面這樣：

```
Out
請點餐：三明治
三明治 50 元，總金額 50
請點餐：咖啡
咖啡 40 元，總金額 90
請點餐：沙拉
沙拉 30 元，總金額 120
請點餐：貝果
抱歉！我們沒有供應貝果
請點餐：  ◀── 使用者直接按 Enter 結束點餐
您的帳單為 120 元
```

1 寫一個函式 order_meal()，讓使用者輸入要點的餐點，並統計點
餐的總金額，直到使用者直接按 ⌐Enter⌐ 結束為止。

2 餐點資料會儲存在一個 dict 內，鍵為餐點名稱，值則為餐點價格。

3 若使用者輸入菜單上沒有的餐點，顯示錯誤訊息。

4 使用者點餐結束後，顯示總金額。

解題思考

☑ 用 in 檢查鍵是否存在

用鍵在 dict 查詢值時，要是鍵不存在，就會引發錯誤。因此，你可先用 in 算
符來檢查鍵是否存在：

```
In
data = {'a': 1, 'b': 2, 'c': 3}

if 'k' in data:
    print(data['k'])
else:
    print('查無此鍵')
```
```
Out
查無此鍵
```

參考解答

■ Python Tutor 連結: https://www.flag.com.tw/Redirect/F1750/14

```
In
menu = {
    '三明治': 50,
    '咖啡': 40,
    '沙拉': 30
    }

def order_meal():
    total = 0
    while order := input('請點餐: '):
        if order in menu:        ←──── 如果使用者輸入的餐點有在 menu 內,
            price = menu[order]          顯示其金額及點餐總金額
            total += price
            print(f'{order} {price} 元, 總金額 {total}')
        else:
            print(f'抱歉! 我們沒有供應{order}')
    print(f'您的帳單為 {total} 元')

order_meal()
```

練習 **15** 降雨量資料庫

　　dict 既然能當成迷你資料庫, 當然也能用來新增資料。在這個練習中, 我們要讓使用者自己登錄不同城市以及各城市在不同時間的降雨量。使用者結束登錄後, 程式就會彙整資料, 依據城市名稱及其對應的總降雨量印出來。

程式的操作過程如下：

```
In
輸入城市：紐約
輸入雨量 (mm)：10
輸入城市：波士頓
輸入雨量 (mm)：5
輸入城市：華府
輸入雨量 (mm)：3
輸入城市：波士頓 ┐
輸入雨量 (mm)：1 ┘ ◄── 重複輸入的城市，降雨量會累計

輸入城市： ◄── 使用者直接按 [Enter]，結束輸入
```
- -
```
Out
紐約：10 mm
波士頓：6 mm ◄── 波士頓的雨量來自輸入兩次的加總 (5 + 1)
華府：3 mm
```

uestion

1 寫一支函式 record_rainfall()，每次會分別讓使用者輸入一個城市名稱跟該市的降雨量資料 (假設使用者對於降雨量只會輸入數值)。重複輸入的城市，其降雨量會累加。

2 如果使用者在輸入城市名稱時直接按 [Enter]，結束輸入並印出之前記錄的所有城市 / 降雨量資料。

3 如果使用者在輸入降雨量時直接按 [Enter]，就視為輸入數值 0。

解 題 思 考

☑ 在 dict 建立新的鍵與值組

執行『dict[鍵] = 值』時，如果該鍵不存在於 dict 中，就會建立新鍵並配上該值。如果鍵已經存在，就會覆寫原本的值。

☑ 使用 dict.get() 在查無此鍵時傳回預設值

上一題提過如何用 in 檢查 dict 鍵是否存在，而你當然也可以使用 try...catch 來攔截查無此鍵的錯誤。不過，其實還有另一種作法。

dict 的 **get()** method 也能用來查詢某鍵的對應值。但若該鍵不存在，會傳回 None 而不會產生錯誤：

```
In
data = {'a': 1, 'b': 2, 'c': 3}
print(data.get('z'))  ◀── 要查詢的鍵

Out
None
```

你也可以在加入第二個參數，這樣一來找不到鍵時，會傳回該參數當作『預設值』：

```
In
print(data.get('z', 'Error'))
                ▲── 查無此鍵時傳回的預設值

Out
Error
```

☑ 走訪 dict 的鍵與值

在程式結尾，我們得將 dict 中記錄的鍵與值一起印出來。但若你像下面這樣走訪 dict，會發現只有印出鍵：

```
In
data = {'a': 1, 'b': 2, 'c': 3}
for d in data:
    print(d)
```
```
Out
a
b
c
```

你事實上得呼叫 dict 的 **items()** method 才能取得每個元素的**鍵與值**：

```
In
for key, item in data.items():
    print(key, item)
```
```
Out
a 1
b 2
c 3
```

 dict.items() 會傳回型別為 dict_items 的容器。

參 考 解 答

■ Python Tutor 連結: https://www.flag.com.tw/Redirect/F1750/15

```
In
def record_rainfall():
    rainfall = {}
    while True:
        city_name = input('輸入城市: ')
        if not city_name:
            break
        rain_mm = input('輸入雨量 (mm): ')
        if not rain_mm:
            rain_mm = 0

        rainfall[city_name] = rainfall.get(city_name, 0) + int(rain_mm)

    for city, rain in rainfall.items():
        print(f'{city}: {rain} mm')

record_rainfall()
```

用 dict.get() 查詢某城市的降雨量
(若查無此鍵就傳回 0)

以城市名稱為鍵, 將加總後的雨量寫入 dict

輸入結束後, 走訪並印出所有鍵與值

延 伸 技 巧

☑ 使用 defaultdict 來取代 dict.get()

Python **collections** 模組的 **defaultdict** 是 dict 的子類別 , 它內建了能夠在查無此鍵時自動新增之、並指派一個預設值的功能。

```
In
from collections import defaultdict

data = defaultdict(int, {'a': 1, 'b': 2})
```

建立 defaultdict, 指定建立新鍵時
使用 int() 的傳回值 (即 0)

字典的初始內容

```
print(data['c'])
print(data)                ┐
              ┌─── 存取不存在的鍵時, defaultdict 會新增之並指派預設值 0
data['d'] += 5             ┘
print(data)
```

Out
```
0
defaultdict(<class 'int'>, {'a': 1, 'b': 2, 'c': 0})  ◀── 新增了 c
defaultdict(<class 'int'>, {'a': 1, 'b': 2, 'c':0, 'd': 5})  ◀── 新增了 d
```

這麼一來, 你就不需要再特地檢查鍵是否存在了, defaultdict 會自行處理之：

In
```
from collections import defaultdict

def record_rainfall():
    rainfall = defaultdict(int)

    while True:
        if not (city_name := input('輸入城市: ')):      這裡用指派
            break                                        運算式改寫
        if not (rain_mm := input('輸入雨量 (mm): ')):
            rain_mm = 0

        rainfall[city_name] += int(rain_mm)  ◀── 若鍵不存在就會先新增
                                                  它並設定初始值
    for city, rain in rainfall.items():
        print(f'{city}: {rain} mm')

record_rainfall()
```

練習 **16 有幾個不重複的數字？**

當你有個如下的容器：

```
In
numbers = [1, 2, 3, 1, 2, 3, 4, 1, 2]
```

要怎麼知道裡面有多少不重複的數字呢？

uestion

> 寫一個函式 unique_num_len()，傳入一個 list 或 tuple，並傳回該容
> 器內不重複之數字的數量。

解題思考

☑ 使用 set 記錄不重複的鍵

其實在第 3 章練習 13，我們就已經用過 set 來取得容器中的不重複元素了，
這裡來稍微複習一下。

Python 的 set 和 dict 一樣，其鍵必為獨一無二；若你嘗試新增同樣的鍵，只
會蓋過原本同樣的鍵而已。因此，我們可以借用這個特性來記錄容器中所有不重
複的元素；當你將容器傳入 set() 時，等於是用該容器的元素來建立 set 物件。最
後自然就只有不重複的鍵保留下來了。

```
In
numbers = [1, 2, 3, 1, 2, 3, 4, 1, 2]
print(set(numbers))
```
```
Out
{1, 2, 3, 4}
```

參考解答

■ Python Tutor 連結: https://www.flag.com.tw/Redirect/F1750/16

```
In
def unique_num_len(numbers):
    return len(set(numbers)) ◄── 先轉成 set 找出不重複元素, 再用 len() 計算個數

numbers = [1, 2, 3, 1, 2, 3, 4, 1, 2]
print(unique_num_len(numbers))
```

練習 **17** 比較兩個 dict 的差異

要合併 dict 很簡單 (見第 2 章練習 10 的延伸技巧), 可是要怎麼比較兩個 dict 有哪些鍵與值不同?

假設你有下面這兩個 dict:

```
In
d1 = {'a': 1, 'b': 2, 'c': 3, 'd': 5}
d2 = {'a': 1, 'b': 2, 'd': 4, 'e': 6}
```

當中有些鍵相同, 有些卻不同。我們希望產生一個新 dict, 將這兩個容器有差異的地方列出來:

```
Out
{'c': [3, None], 'd': [5, 4], 'e': [None, 6]}
```

若某個 dict 沒有
這個鍵就寫 None

有差異的值放在 list 中

uestion

寫一個函式 dict_diff()，參數為兩個 dict。此函式傳回的 dict 會包含
參數中有差異的鍵和其值。

解題思考

☑ 集結兩個 dict 的鍵與值

該怎麼知道兩個 dict 的鍵和值，有哪些是不同的呢？兩者可能有鍵不同，也
有可能是同樣的鍵對應到不同值。

這時我們可以先取得兩個 dict 所有不重複的鍵，並拿這些鍵用 get() method
(見 4-2 節練習 15) 來查詢它們在兩個 dict 的值是否不同，包括查無此值者。如
果不同，就將鍵與兩個值放進新的 dict。

```
In
d1 = {'a': 1, 'b': 2, 'c': 3, 'd': 5}
d2 = {'a': 1, 'b': 2, 'd': 4, 'e': 6}
                將取得字典鍵容器轉成 set, 做聯集運算
all_keys = set(d1.keys()) | set(d2.keys())
print(all_keys)
```
```
Out
{'c', 'd', 'b', 'e', 'a'}
```

不過，dict 的 key() 傳回的 **dict_keys** 型別容器 (以及 items() 傳回的 **dict_items** 型別容器) 其實和 set 一樣適用於聯集 (|)、交集 (&)、差集 (-)、對稱差集 (^) 等算符，所以不需要特地把它們轉成 set：

```
In
d1 = {'a': 1, 'b': 2, 'c': 3, 'd': 5}
d2 = {'a': 1, 'b': 2, 'd': 4, 'e': 6}

all_keys = d1.keys() | d2.keys()
print(all_keys)
```

整理出所有鍵之後，就可以走訪兩個 dict, 傳回值不一樣時再記錄下來即可 (若值相同則略過不處理)。

參考解答

```
In
def dict_diff(first, second):
    output = {}  ◄—— 建立空 dict (也可寫成 output = dict())
    all_keys = sorted(first.keys() | second.keys()) ◄——取得兩個 dict 的
                                                         鍵的聯集後排序

    for key in all_keys:  ◄—— 走訪兩個 dict 不重複的鍵

        if first.get(key) != second.get(key):
            output[key] = [first.get(key), second.get(key)]
    return output
                              用 dict.get() 查值 (無值時傳回 None),
                              值不同便在新 dict 儲存該鍵及兩個值
d1 = {'a': 1, 'b': 2, 'c': 3, 'd': 5}
d2 = {'a': 1, 'b': 2, 'd': 4, 'e': 6}
print(dict_diff(d1, d2))
```

檔案處理

Python 程式不只會接收使用者直接輸入的資訊，也會從比
如純文字、CSV 或 JSON 格式的檔案取得資料。本章就來
探討如何讀取檔案，並將檔案內容轉換成 Python 可處理的
格式。

練習 **讀出檔案最後一行字**

會用 Python 讀取文字檔的可能情況之一，就是解讀系統日誌檔 (log file)。假設你手上有個日誌檔記錄了使用者的登入活動，而你想查看最新一次的登入 (即檔案最後一行)，要怎麼讀出來？

uestion

> 寫一個函式 read_final_line()，傳入文字檔的路徑與檔名，然後傳回
> 該檔案中的最後一行文字。

下面是一段在網站伺服器常見的 Common Log Format 格式日誌檔：

```
192.168.111.13 - frank [10/Oct/2000:13:55:36] "GET /login HTTP/1.1" 200 3217
192.168.100.165 - alan [10/Oct/2000:22:01:17] "GET /user HTTP/1.1" 200 5480
192.168.113.214 - bob [11/Oct/2000:07:45:22] "GET /main HTTP/1.1" 301 1078
192.168.131.21 - lindy [11/Oct/2000:10:23:09] "GET /settings HTTP/1.1" 200 5466
192.168.192.89 - peter [11/Oct/2000:19:56:00] "GET /data HTTP/1.1" 200 4912
192.168.111.13 - frank [12/Oct/2000:11:03:37] "GET /login HTTP/1.1" 200 3226
192.168.114.117 - grace [12/Oct/2000:17:15:54] "GET /main HTTP/1.1" 200 5603
```

你的程式應該傳回最後一行：

```
192.168.114.117 - grace [12/Oct/2000:17:15:54] "GET /main HTTP/1.1" 200 5603
```

解 題 思 考

首先請準備一個文字檔 (比如 login.log), 輸入類似上面的資料並儲存。

☑ 開啟文字檔和走訪每一行文字

在 Python 中, 可使用 **open()** 函式開啟文字檔和傳回一個 file 物件, 並用該物件的 **readlines()** method 讀出完整內容 :

```
In
f = open(r'C:\路徑\login.log', 'r')  ◀── 開啟檔案, 設為讀取 (r, read) 模式
for line in f.readlines():  ◀── 將內容一行行印出來
    print(line)
f.close()  ◀── 關閉檔案物件
```

 如果不指定 open() 的第二個參數, 預設即為 'r' (read, 讀取模式)。另外, 路徑前方的 r 會將字串轉為 raw 字串, 以避免將反斜線及後面的字解讀成特殊字元。

```
Out
192.168.111.13 - frank [10/Oct/2000:13:55:36] "GET /login HTTP/1.1" 200 3217

192.168.100.165 - alan [10/Oct/2000:22:01:17] "GET /user HTTP/1.1" 200 5480

192.168.113.214 - bob [11/Oct/2000:07:45:22] "GET /main HTTP/1.1" 301 1078

#...下略
```

readlines() 會傳回一個 list, 每個元素即為檔案中的每一行字串 (結尾為 \n 換行符號)。這麼一來, 你可以用迴圈走訪它, 甚至用 readlines()[-1] 直接取得最後一行。

問題在於, 若檔案內容很大, 可是我們只需要檔案的最後一行時, 用 readlines() 一口氣讀進所有內容, 就會佔據許多不必要的記憶體。

第二個方式是改用 readline() 方法，這一次只會讀出檔案的一行，讀到檔案結尾時會傳回空字串。於是你只要重複讀取動作、直到取得空字串，那麼上一個傳回的字串就必定是檔案最末行了：

```
In
f = open(r'C:\路徑\login.log', 'r')

while True:
    line = f.readline()  ◄── 每次讀出一行
    if not line:  ◄── 如果是空字串 (已讀到結尾) 就結束
        break
    lastline = line  ◄── 如果不是空字串, 把它記錄下來
f.close()

print(lastline)  ◄── 印出最後一行
```

這樣在迴圈中，每次只需要記錄一行的內容，節省不少空間。而若運用 Python 3.8 的指派運算式 (第 1 章練習 3)，我們還能進一步精簡程式碼：

```
In
f = open(r'login.log', 'r')

while line := f.readline():
    lastline = line
f.close()

print(lastline)
```

不過，下面要介紹的第三種做法會更加簡單：

```
In
f = open(r'C:\路徑\login.log', 'r')

for line in f:  ◄── 直接走訪檔案物件, 輪流讀出每一行
    lastline = line

print(lastline)
```

之所以能夠這麼做，是因為 open() 傳回的檔案物件也支援**走訪器協定 (iterator protocol)**；當你用 for 迴圈走訪它，每次也會得到一行內容，無須呼叫任何方法。當檔案物件抵達結尾時，for 迴圈便會自動結束，不再會讀進空字串了。

> 本書第 10 章將會介紹什麼是走訪器協定，以及如何實作自訂的可走訪 (iterable) 物件。

☑ 取得 for 迴圈走訪的最後結果

前面我們已經看到，檔案物件因為支援走訪器協定，所以可以像容器一樣用 for 迴圈走訪和取值。只是檔案物件不是容器，所以你不能用像是 f[-1] 這樣的方式直接取得最後一行。

因此，前面我們在迴圈中使用一個變數來記錄每一行的內容，這樣 for 迴圈結束（讀到檔案結尾）時，該變數的內容就會是最後一行：

```
In
for line in f:
    lastline = line

print(lastline)
```

但 Python 有趣的地方在於，以上 for 迴圈使用的 line 變數在迴圈結束後也不會消失，而它的內容剛好就是檔案物件的最後一行。基於這個特性，我們可以修改程式如下：

```
In
for line in f:
    pass

print(line)  ◄── line 保存了檔案的最後一行內容
```

要注意這方法不適用於前面的 f.readline() 方法，因為它在讀到檔案結尾時，最後傳回的內容會是空字串。

參考解答

■ Python Tutor 連結: https://www.flag.com.tw/Redirect/F1750/18

```
In
def read_final_line(filename):
    f = open(filename, 'r')  ← 開啟文字檔
    for line in f:  ← 走訪 file 物件
        pass
    f.close()
    return line  ← 傳回最後一行文字

print(read_final_line(r'C:\路徑\login.log'))
```

延伸技巧

☑ 用 with 更安全地操作檔案

在讀寫外部檔案時，有可能會遇到一些問題，比如讀取到一半時檔案被刪除、系統發生異常，或者嘗試寫入檔案時檔案被其他程式鎖定 ...

為了避免這類問題，你只得在 open() 外面加上 try...finally 來攔截潛在的錯誤：

```
In
f = open(filename, 'r')
try:
    for line in f:
        print(line)
finally:  ← 不論有沒有錯誤發生, 最後都會執行 finally 區塊
    f.close()  ← 關閉檔案
```

但有個更簡單的寫法是使用 **with** 關鍵字：

```
In
with open(filename, 'r') as f:
    for line in f:
        print(line)
```

open() 傳回的 file 物件其實也是個**資源管理器 (context manager)**；而 with 是專門用來搭配資源管理器的語法。當 with 建立和結束資源管理器物件時，會自動呼叫相關的 method 來取得和釋放資源，並能攔截潛在的錯誤。以 file 物件來說，不管檔案是否發生問題，with 最後都會自動呼叫其 close() 來關閉之。

 你也可以撰寫自己的資源管理器，但這本書不會深入討論實作細節。

我們因此可將前述練習改寫如下：

```
In
def read_final_line(filename):
    with open(filename, 'r') as f:
        for line in f:
            pass
    return line


print(read_final_line(r'C:\路徑\login.log'))
```

這麼一來程式碼就簡潔很多，而且不必擔心操作時發生問題。

在 Unix 系統中，文字檔 /etc/passwd 用來記錄登入帳號的相關資訊。在這一題中，我們便要試著用 Python 程式來解讀並抽取當中的部分資料。

下面是 /etc/passwd 可能會有的內容：

```
root:x:0:0:root:/root:/bin/bash
daemon:x:1:1:daemon:/usr/sbin:/usr/sbin/nologin
bin:x:2:2:bin:/bin:/usr/sbin/nologin
sys:x:3:3:sys:/dev:/usr/sbin/nologin
sync:x:4:65534:sync:/bin:/bin/sync
games:x:5:60:games:/usr/games:/usr/sbin/nologin
man:x:6:12:man:/var/cache/man:/usr/sbin/nologin
lerner:x:1000:1000:Reuven Lerner:/home/lerner:/bin/bash
```

可以看到每一行的資料都以冒號 (:) 分隔，這些欄位的意義如下 (以最後一行為例)：

項目	lerner	x	1000	1000	Reuven Lerner	/home/lerner	/bin/bash
意義	帳號名稱	密碼 (x = 已加密不顯示)	ID	Group ID	全名	家目錄	login shell

uestion

寫一個函式 passwd_to_dict()，讀取 /etc/passwd。如果你使用 Windows 系統，或者在 Unix 系統上不想碰到重要檔案，也可以自己建一個 passwd.cfg 輸入前述內容。

函式會讀取所有的使用者帳號名稱以及其 ID, 將之包成 dict 形式傳回:

```
Out
{'root': '0', 'daemon': '1', 'bin': '2', 'sys': '3', 'sync': '4', 'games':
'5', 'man': '6', 'lerner': '1000'}
```

 注意 /etc/passwd 格式是不允許空行跟註解符號的, 因此你的程式不須檢查這些東西。

參考解答

■ Python Tutor 連結: https://www.flag.com.tw/Redirect/F1750/19

```
In
def passwd_to_dict(filename):
    users = {}
    with open(filename) as f:
        for line in f:
            user_info = line.split(':')  ◄──── 將檔案的每一行依冒號分割成 list
            users.update({user_info[0]: user_info[2]})
    return users                          ┌─ 將帳號名稱 (索引 0 元
                                          │  素) 和 ID (索引 2 元素)
print(passwd_to_dict(r'C:\路徑\passwd.cfg'))  放進 dict
```

延伸技巧

☑ 用 pprint 更美觀地輸出 dict

Python 內建的 pprint 模組能用更美觀的排版印出 list、dict 等容器:

```
In
import pprint ◄── 匯入 pprint 模組

def passwd_to_dict(filename):
    users = {}
    with open(filename) as f:
        for line in f:
            user_info = line.split(':')
            users.update({user_info[0]: user_info[2]})
    return users
           ┌── 使用 pprint 印出 dict                     印出時不要把內容依鍵排序
           ▼                                                      ▼
pprint.pprint(passwd_to_dict(r'C:\路徑\passwd.cfg'), sort_dicts=False)
```

```
Out
{'root': '0',
 'daemon': '1',
 'bin': '2',
 'sys': '3',
 'sync': '4',
 'games': '5',
 'man': '6',
 'lerner': '1000'}
```

　　pprint 的 sort_dicts 參數不指定時，預設會為 True，這會使鍵按照由小到大的順序印出。既然在此我們想看到帳號按照原本的順序印出來，便將該參數設為 False。

練習 **20** 統計檔案的字元數、
字數與行數

在這一題中,我們想來統計一個文字檔中字元、單字和行的數量各有多少。

下面是個範例文字檔:

```
This is a test file.

It contains 28 words and 20 different words.

It also contains 164 characters.

It also contains 11 lines.

It is also self-referential.

Wow!
```

這段內容很有趣,因為它已經指出自己含有多少字元、單字(總共的單字數和不重複的單字數)與行數,也就是自我參照 (self-referential) 了。但,你要怎麼在 Python 程式中呈現右邊的結果?

```
Out
Characters: 164
Words: 28
Unique words: 20
Lines: 11
```

uestion

寫一個函式 wordcount(),此函式會印出該文字檔中的字元數、單字數及行數。在此假設內文只用英文和數字寫成。

解 題 思 考

☑ 用走訪行的方式取得所需資訊

乍聽之下，字元數、單字數和行數的計算方式不同，因此你得走訪檔案好幾次，才能得出個別的結果。

但是，這實際上比想像中更簡單。當你在取得檔案中的每一行時，就能計算字元數和行數：

1. 行數是最簡單的，只要每次走訪一行時加 1 就行了。

2. 其次是字元數，只要每走訪一行時，將該行的字數 (也就是長度，用 len() 計算之) 加總即可。

3. 單字數則可先將該行用 split() 拆成 list，用 len() 取得該 list 的長度後加總。

4. 至於不重複的單字數呢？這就必須等到走訪完檔案的所有行之後才能確定了。我們可以建一個 set 容器，把前面取得的單字全部丟進去，這麼一來走訪結束後，該 set 就只會保留不重複的單字。此時再以 len() 算出元素數量即可。

參 考 解 答

■ Python Tutor 連結: https://www.flag.com.tw/Redirect/F1750/20

```
In

def wordcount(filename):
    result = {      ◀── 用來記錄結果的 dict
        'Characters': 0,
        'Words': 0,
        'Unique words': 0,
        'Lines': 0,
        }
    unique_words = set()      ◀── 用來記錄不重複單字的 set (空 set)
```

NEXT

```
    with open(filename, 'r') as f:
        for line in f:
            words = line.split()  ◄── 先將每一行單字拆成 list
            result['Lines'] += 1              ◄── 累加行數
            result['Characters'] += len(line)  ◄── 累加字元數
            result['Words'] += len(words)      ◄── 累加單字數
            unique_words.update(words)◄── 將所有單字丟進 set (過濾掉重複的單字)

        result['Unique words'] = len(unique_words)  ◄── 統計不重複單字的總量

    for key, value in result.items():
        print(f'{key}: {value}')  ◄── 印出統計結果 dict 的鍵與值

wordcount('text.txt')
```

建立空 dict vs. 建立空 set

在之前的練習題中，我們曾用大括號 {} 來建立空 dict。另一個方式是使用 dict()：

```
In
new_dict = dict()
```

但是要建立空 set 容器時，就一定得用 set() 來建立，為什麼呢？因為 {} 會被視為是空 dict。之所以會有這種現象，是因為 dict 在 Python 2 比 set 更早實作出來。所以這就只是 Python 語言的歷史演進因素罷了。

練習 21 找出檔案內的最長單字

現在，我們要在一個文字檔中搜尋最長的單字。比如，若 text2.txt 含有以下文字：

```
Beautiful is better than ugly.
Explicit is better than implicit.
Simple is better than complex.
Complex is better than complicated.
Flat is better than nested.
Sparse is better than dense.
Readability counts.
```

當中的最長單字便為

```
complicated
```

 你可在 Python REPL 介面輸入 **import this** 來取得上面那串文字 (這裡我們只使用前面一部分)。

寫一個函式 find_longest_word(), 傳入一個檔名, 它會傳回該文字檔中最長的單字。(請注意：句點不能算單字的一部分。)

參考解答

■ Python Tutor 連結: https://www.flag.com.tw/Redirect/F1750/21

```
In
def find_longest_word(filename):
    longest = ''
    with open(filename, 'r') as f:
        for line in f:                        ┌── 用 replace() 去掉可能的句號
            for word in line.replace('.', '').split():
                if len(word) > len(longest): ◄─┐
                    longest = word  ◄── 記錄最長的單字
    return longest        若當前單字比 longest 的字更長, 就更新後者記錄的內容

print(find_longest_word(f'C:\路徑\text2.txt'))
```

延伸技巧

☑ 改用 set 來整理並找出最長單字

下面來展示另一個做法, 利用 set 先收集所有不重複的單字, 再將之排序後傳回當中最長的單字。

```
In
def find_longest_word(filename):
    words = set()
    with open(filename, 'r') as f:        ┌── 把每行去掉句點後, 將單字
        for line in f:                          丟進 set 容器中
            words.update(line.replace('.', '').split())
    return sorted(words, key=len)[-1]
                                          將 set 的單字依長度排序 (由短到長)
print(find_longest_word(f'C:\路徑\text.txt'))    後, 傳回最後一個元素 (最長的單字)
```

在 sorted() 函式中, 指定排序依據 (key) 為 len() 函式, 這麼一來單字就會照長度排序。由於 sorted() 是由小排到大, 因此這裡用索引 -1 傳回最後一筆元素。

練習 **22** 讀寫 CSV 檔

除了純文字檔以外，另一種你會很常碰到的檔案格式是 **CSV** (Comma-Separated Value, 逗號分隔值)。CSV 仍然是純文字檔，但每行會用逗號來分隔不同欄位的值。

例如，下面的 CSV 檔內容

```
lettuce,green,soft
carrot,orange,hard
pepper,green,hard
eggplant,purple,soft
```

若用試算表軟體開啟這個 .csv 檔，看起來會像這樣：

lettuce	green	soft
carrot	orange	hard
pepper	green	hard
eggplant	purple	soft

然而，CSV 格式資料不一定是用逗號來分隔欄位。例如，本章練習 19 使用的 Unix 系統帳號檔 /etc/passwd，就是以冒號來分隔資料：

```
lerner:x:1000:1000:Reuven Lerner:/home/lerner:/bin/bash
...
```

當時我們將資料抽出來後, 是以 dict 的形式印出:

```
Out
{'root': '0',
 'daemon': '1',
 'bin': '2',
 'sys': '3',
 'sync': '4',
 'games': '5',
 'man': '6',
 'lerner': '1000'}
```

但這種格式對非開發人員來說, 仍然比較難以閱讀。因此在這個練習題中, 我們要以 CSV 格式讀取 /etc/passwd 格式檔案, 取出帳戶名稱和 ID, 並將分隔符號改成 Tab (\t 字元) 後寫入到新檔案, 變成使用者能更輕鬆檢視的形式 (如右):

```
Out
root    0
daemon  1
bin     2
sys     3
sync    4
games   5
man     6
lerner 1000
```

uestion

寫一個函式 passwd_to_csv(), 傳入兩個檔名。函式會讀取第一個 CSV 格式檔案內的帳號名稱與 ID 資訊, 並改用 Tab 當成資料分隔符號、寫入成第二個 CSV 檔案。

解 題 思 考

☑ 讀寫 CSV 檔

讀寫 CSV 檔，先一樣以 open() 開啟檔案，然後就可使用 Python **csv** 模組的 **reader()** 函式將之轉成 CSV 檔案物件：

```
In
import csv

with open('passwd.log', 'r') as f:          ┌── 指定分隔符號為冒號 (:)
    csv_reader = csv.reader(f, delimiter=':')  ◄─┘
    for line in csv_reader:  ◄── 走訪 CSV 物件和印出每一行 (已轉成 list)
        print(line)
```

```
Out
['root', 'x', '0', '0', 'root', '/root', '/bin/bash']
['daemon', 'x', '1', '1', 'daemon', '/usr/sbin', '/usr/sbin/nologin']
['bin', 'x', '2', '2', 'bin', '/bin', '/usr/sbin/nologin']
#...下略
```

若要寫入資料到 CSV 格式檔，則要使用 **csv.writer()**：

```
In
import csv

data = [
    ['root', 'x', '0', '0', 'root', '/root', '/bin/bash'],
    ['daemon', 'x', '1', '1', 'daemon', '/usr/sbin', '/usr/sbin/nologin'],
    ['bin', 'x', '2', '2', 'bin', '/bin', '/usr/sbin/nologin'],
    ...#下略
    ]
```

NEXT

```
                        ┌── 建立並開啟要寫入的檔案 (設為寫入 (w, write) 模式)
with open('passwd.csv', 'w') as f:
    csv_writer = csv.writer(f, delimiter='\t')◄──  用 file 物件建立 CSV 物件,
    for line in data:                              欄位分隔符號設為 Tab
        csv_writer.writerow(line)  ◄── 將資料 (一整個 list 的內容) 寫入為 CSV 的一行
```

```
Out
root x  0  0  root  /root/bin/bash
daemon x  1  1  daemon  /usr/sbin  /usr/sbin/nologin
bin  x  2  2  bin  /bin  /usr/sbin/nologin
#...下略
```

csv.writer 物件也可以用 writerows() mehod 來一次寫入多行資料:

```
In
with open('passwd_csv', 'w') as f:
    csv_writer = csv.writer(f, delimiter='\t')
    csv_writer.writerows(data)
```

☑ 應付不同作業系統的換行字元問題

輸出 CSV 檔看似簡單,但其實還有一個問題存在。假如你要輸出檔案給不同作業系統使用,會不會有問題呢?各系統採用的換行字元是不一樣的:

系統	換行字元		
Unix 和舊 MacOS	ASCII 13	LF (line feed)	\n
MacOS	ASCII 10	CR (carriage return)	\r
Windows	ASCII 13 + ASCII 10	CR + LF	\r\n

在讀取檔案時,Python 會根據作業系統使用適當的換行符號,並一概於程式中以 \n 代表之。但寫入檔案就比較棘手了:假如你要針對特定作業系統產生文字檔,就得手動指定正確的符號。

對於 csv.writer() 物件的 writerow() method, 我們可以指定 csv.writer() 的 **lineterminator** 參數:

```
In                                          指定寫入時於每行結尾加上 \n
with open(csv_filename, 'w') as f:
    csv_writer = csv.writer(f, delimiter='\t', lineterminator='\n')
```

開啟檔案時的換行問題

雖然說 Python 會自動判斷檔案的換行符號並統一換成 \n, 但在開啟不同系統的文字檔時, 還是有可能猜錯。這時你可指定 open() 函式的 newline 參數, 強迫它採用特定的換行符號:

```
In
with open(filename, 'w', newline='\n') as f:
```

附帶一提, 若將 newline 設為 None 代表使用系統預設的換行符號, 而設為空字串 '' 則表示沿用原檔案的換行符號 (不轉換)。

參 考 解 答

```
In
import csv

def passwd_to_csv(passwd_filename, csv_filename):
    with open(passwd_filename, 'r') as f_read, \
         open(csv_filename, 'w', newline='') as f_write:

    開啟要讀取和寫入的 CSV 格式檔
```

NEXT

```
        csv_reader = csv.reader(f_read, delimiter=':')
        csv_writer = csv.writer(f_write, delimiter='\t', lineterminator='\n')
                                                    ↑                    ↑
                                       指定寫入的分隔符號和換行符號

        for line in csv_reader:
            csv_writer.writerow([line[0], line[2]])←── 將需要的資料寫入 CSV 檔

passwd_to_csv(r'C:\路徑\passwd.log', r'C:\路徑\passwd.csv')
```

 你可以把上面範例 csv_writer 的 delimiter 參數改成逗點，這樣就能用試算表軟體直接打開。

練習 **23** **讀取 JSON 檔**

JSON (JavaScript Object Notation, JavaScript 物件表示法) 是一種非常受歡迎的資料交換格式；雖然說是從 JavaScript 衍生而來，如今很多語言 (包括 Python) 都能讀取 JSON, 而 JSON 也常被網路服務跟 API 使用。

和 CSV 一樣，JSON 格式資料本身是純文字；事實上 JSON 看起來跟 dict 很像，每筆資料分為鍵和值，差別在於 JSON 的鍵必然是字串、而且一定以雙引號括住。

舉個例，以下的 JSON 資料 9a.json 記錄了班級 9a 五位學生的考試成績：

```
{
    "class": "9a",
    "score": [
        {"math": 90, "literature": 98, "science": 97},
        {"math": 65, "literature": 79, "science": 85},
        {"math": 78, "literature": 83, "science": 75},
        {"math": 92, "literature": 78, "science": 85},
        {"math": 100, "literature": 80, "science": 90}
    ]
}
```

我們希望用程式讀取這個檔案後，能輸出以下的統計結果：

```
Out
班級: 9a
科目: math
  最高分: 100
  最低分: 65
  平均: 85.0
科目: literature
  最高分: 98
  最低分: 78
  平均: 83.6
科目: science
  最高分: 97
  最低分: 75
  平均: 86.4
```

uestion

寫一個函式 print_scores()，會讀取 JSON 格式的成績檔，統計各科的最高分、最低分和平均並印出。

解 題 思 考

☑ 解讀 JSON 資料

json 模組的 **loads()** 函式可以讀取一個含有 JSON 格式資料的字串，然後傳回 JSON 物件：

```
In
import json

json_str = '{"math": 90, "literature": 98, "science": 97}'  ◀── JSON 格式字串

json_obj = json.loads(json_str)  ◀── 取得 JSON 物件

print(json_obj)
print(type(json_obj))
```

```
Out
{'math': 90, 'literature': 98, 'science': 97}
<class 'dict'>  ◀── Python 會將 JSON 物件轉成 dict
```

 小編註：Python 對於如何轉換 JSON 資料為 Python 資料型別，自有一套規則。詳情參閱 https://docs.python.org/3/library/json.html#json-to-py-table。

若是讀取 JSON **檔案**，則得改用 **load()**（沒有 s）函式來轉換之：

```
In
import json

with open('C:\路徑\9a.json', 'r') as json_file:
    print(json.load(json_file))
```

參考解答

■ Python Tutor 連結: https://www.flag.com.tw/Redirect/F1750/23

```
In
import json
from collections import defaultdict

def print_scores(filename):
    with open(filename) as json_file:
        record = json.load(json_file)  ◄── 將 JSON 文字檔解析為 dict 物件
        result = defaultdict(list)  ◄──── 用來記錄同科分數的
                                           defaultdict, 值預設為空 list

        print('班級:', record['class'])
        for record in record['score']:
            for subject, score in record.items():
                result[subject].append(score)  ◄── 將同科分數放在同一個
                                                    清單內 (該鍵對應的 list)

        for subject, scores in result.items():  ◄── 走訪 defaultdict 並印出結果
            print('科目:', subject)
            print('\t最高分:', max(scores))
            print('\t最低分:', min(scores))
            print('\t平均:', sum(scores) / len(scores))

print_scores(r'C:\路徑\score.json')
```

　　這裡使用了 defaultdict (參閱第 4 章練習 15 延伸技巧) 來收集各科的所有分數。當程式第一次用某科的鍵名查詢 defaultdict 時，它會建立這個鍵，並用 list() 的回傳值 (一個空 list, []) 當作該鍵的值。於是，我們就能直接呼叫 append() 在裡面新增分數，達到分科統計的效果。

練習 24 批次檔案讀取

　　延續前一提，現在假設你的電腦中有個資料夾，裡面有班級 9a、9b、9c... 各班的成績 JSON 檔。如果沿用前一個練習的 print_scores() 函式，你要如何讀取該資料夾的所有 JSON 檔 (假設副檔名一律設為 .json)？

Question

> 寫一個函式 print_dir_scores()，傳入一個資料夾路徑，它會尋找該資料夾中的所有 .json 檔，並呼叫練習 23 的 print_scores() 來統計各班的各科成績。(JSON 檔內容請參考前一題。)

注意：你必須考慮到資料夾中可能有子資料夾以及其他附檔名並非 .json 的檔案。在下面我們會建一個資料夾 scores，內容如右：

scores 資料夾內容

results ◄── 子資料夾, 不是檔案
9a_score.json
9b_score.json
9c_score.json
file.log

解題思考

☑ 走訪資料夾內的子資料夾與檔案

　　如果想知道一個資料夾內有哪些東西，可呼叫 os 模組的 **listdir()** 函式：

```
In
print(os.listdir(r'C:\路徑\scores'))
```

```
Out
['9a_score.json', '9b_score.json', '9c_score.json', ' file.log', 'results']
```

這時只要搭配字串的 **endswith()** method, 就能過濾 JSON 檔案：

```
In
for filename in os.listdir(r'C:\路徑\scores'):
    if filename.endswith('.json'): ◄── 檢查檔名結尾是否為 .json
        print(filename)
```
```
Out
9a_score.json
9b_score.json
9c_score.json
```

不過，os.listdir() 只會傳回檔名或資料夾名稱而已，但是稍後用 open() 開啟檔案時，你必須給予完整的路徑才行。這時你可用 **os.path.join()** 來合併路徑與檔名：

```
In
for filename in os.listdir(r'C:\路徑\scores'):
    if filename.endswith('.json'):
        print(os.path.join(r'C:\路徑\scores', filename)) ◄── 合併資料夾路徑與檔名
```
```
Out
C:\路徑\scores\9a_score.json
C:\路徑\scores\9b_score.json
C:\路徑\scores\9c_score.json
```

參考解答

```
In
import os, json
from collections import defaultdict

def print_scores(filename):
    # ...略，參閱練習 23

def print_dir_scores(dirname):
    for filename in os.listdir(dirname):
        if filename.endswith('.json'):
            print('讀取檔案: ', filename)
            print_scores(os.path.join(dirname, filename))
                ┌─── 用練習 23 的 print_scores() 印出某班成績統計

print_dir_scores(r'C:\路徑\scores')
```

延伸技巧

☑ 使用 pathlib 模組走訪資料夾

在 Python 中，還有其他方式可以走訪檔案和取得完整的檔案路徑，比如使用 Python 內建模組 pathlib：

```
In
import pathlib

p = pathlib.Path(r'C:\路徑\scores')  ◀── 建立 pathlib 的『PosixPath』物件
for filename in p.iterdir():  ◀── 走訪 PosixPath 物件會列出含路徑的檔名
    print(filename)
```

```
Out
C:\路徑\scores\9a_score.json
C:\路徑\scores\9b_score.json
C:\路徑\scores\9c_score.json
C:\路徑\scores\file.log
C:\路徑\scores\results
```

下面是以 pathlib 模組改寫前面範例程式的結果：

```
In
import pathlib

def print_dir_scores(dirname):
    p = pathlib.Path(dirname)          ← 建立並走訪 PosixPath 物件
    for filename in p.iterdir():
        if filename.suffix == '.json':  ← 判斷檔名結尾是否為 .json
            print('讀取檔案: ', filename)
            print_scores(filename)

print_dir_scores(r'C:\路徑\scores')
```

☑ 使用 glob 模組走訪和過濾檔案

另一個更簡單的做法是使用 **glob** 模組：

```
In
import glob
for filename in glob.glob(r'C:\路徑\scores\*.json'):
                                              ↑
                          指定路徑及要過濾的檔名 (* 代表萬用字元)
    print(filename)
```

```
Out
```
```
C:\路徑\scores\9a_score.json
C:\路徑\scores\9b_score.json
C:\路徑\scores\9c_score.json
```

因此若改用 glob 來改寫本題範例, 就更簡潔了:

```
In
```
```
import glob

def print_dir_scores(dirname):
    for filename in glob.glob(dirname + r'\*.json'):
        print('讀取檔案: ', filename)
        print_scores(filename)

print_dir_scores(r'C:\路徑\scores')
```

MEMO

06

函式

函式是程式語言的基石之一：你能在程式中完全不使用
函式，但運用函式能幫你減少重複的程式碼，符合所謂的
『**別重複你自己**』**(Don't repeat yourself, DRY)** 原則。此
外，若用函式將程式拆解成更小的函式單元，維護跟除錯起
來也比較容易。

不過，Python 函式仍有些很特別的地方。首先，它們本身
也是物件，因此可以儲存在變數中。其次，Python 函式不
支援其他程式語言的多載 (overloading), 意即你不能給同一
個函式定義多種呼叫方式。如我們之前提過的，重複定義
的函式只會覆蓋掉前面的定義而已。

 其實 Python 還是可以做到函式多載, 辦法是用 typing 模組
的 @overload 裝飾器, 但這就不屬於本書討論範圍。

為了能讓函式能做出多種表現，解決之道是使用帶有預設
值的選擇性參數，甚至是使用帶有 * 號的參數來接收數量
不定的資料。

▊ 選擇性參數的預設值

下面是個函式，能傳回簡單的打招呼訊息：

```
In
def hello(name):
    return f'Hello, {name}!'

print(hello('world'))
```
```
Out
Hello, world!
```

要是沒有指定參數 name, 會發生什麼事？

```
In
print(hello())
```
```
Out
Traceback (most recent call last):
  File "C:\xxx.py", line 4, in <module>
    print(hello())
TypeError: hello() missing 1 required positional argument: 'name'
```

錯誤訊息顯示 Python 知道函式 hello() 有一個必填參數, 但它是怎麼知道的呢？

當你用 def 定義函式時, Python 會在該函式的屬性 __code__ 裡儲存關於參數的相關資訊：

```
In
print(hello.__code__.co_argcount)  ◀━━━ 參數的數量
print(hello.__code__.co_varnames)  ◀━━━ 參數的名稱
```

```
Out
1
('name',)
```

當你呼叫函式時，Python 會比對 __code__.co_argcount 內儲存的參數數量，若有不一致就會發生錯誤。

如果你希望該參數是選擇性的，解決方式是給它指定一個預設值。若你呼叫函式時沒指定該參數的值，Python 就會指派預設值給它：

```
In
def hello(name='world'):
    return f'Hello, {name}!'

print(hello())  ◀━━━ 沒有傳入參數, name 使用預設值
```

```
Out
Hello, world!
```

```
In
print(hello('Python'))  ◀━━━ 有傳入參數
```

```
Out
Hello, Python!
```

參數在傳值時，也可以用指名的形式：

```
In
print(hello(name='Python'))
```

```
Out
Hello, Python!
```

用指名方式傳值給參數時，其順序可以隨意排列：

```
In
def hello(name, greeting='Hello'):
    return f'{greeting}, {name}!'

print(hello(greeting='Hi there', name='Python'))
```

```
Out
Hi there, Python!
```

要注意的是，在呼叫函式時，不指名的參數值一定得放在最前面。出於同樣的道理，函式定義中沒有預設值的參數 (又稱**位置型參數**) 得寫在有預設值的參數 (或**關鍵字參數**) 前面，否則會產生錯誤。

此外，你最好不要使用可變物件當成預設值，因為你一旦在函式中修改該參數，下回呼叫函式時預設值就改變了。

Python 變數範圍規則：LEGB

很多人很容易忽略**變數範圍 (variable scope)** 這個主題，一方面是千篇一律，二來又看起來很好懂。問題就在於，Python 的變數範圍跟其他語言很不一樣，但它又能解釋 Python 語言的許多運作方式。

變數範圍意指變數 (以及變數名稱) 在程式內的可見度。如果你在函式中定義一個變數，它在函式之外是看不見的。Python 將變數範圍分成四種等級：

1. **local** (函式內的區域變數、參數)

2. **enclosing function** (子函式外父函式的變數、參數)

3. **global** (全域變數)

4. **builtins** 命名空間 (Python 內建函式、例外類別等)

這些層級以其第一個字母合稱為 **LEGB**，越往下層級越高。如果你在函式內引用一個變數，這四個層級都會被搜尋；若是在函式外頭，則只會搜尋最後兩個。Python 一旦找到符合的名稱就會停止，不會再繼續往上找。

覆蓋關鍵字

如果你定義一個全域變數，和 Python 關鍵字相同，那麼等於是**覆蓋 (shadowed)** 了後者：

```
In
sum = 0
for i in range(5):
    sum += i

print(sum)
print(sum([10, 20, 30]))        由於 sum() 函式被覆蓋, 會產生錯誤
                                TypeError: 'int' object is not callable
```

執行到最後一行時會出錯，這是因為 sum 變數被建立出來，使 Python 不會再往上去尋找內建函式 sum()。

Python 並不會檢查這類錯誤，但你可以用 pylint 之類的工具檢查是否有意無意定義了有衝突的變數名稱。

從區域範圍修改全域變數

若你試圖在函式中修改全域變數，會發生奇怪的事情：

```
In
x = 100

def foo():
    x = 200    ◀── 試圖修改變數 x 的值
    print(x)   ◀── 查看呼叫函式時 x 的值


print(x)   ◀── 查看呼叫函式前 x 的值
foo()
print(x)   ◀── 查看呼叫函式後 x 的值
```
```
Out
100
200
100
```

為什麼會這樣呢？因為函式 foo() 內的 x 是區域變數，Python 找到它後就不再向上找，使得全域變數 x 的值沒有改變。

為了讓 Python 找到正確的全域變數，你可使用 **global** 關鍵字：

```
Out
x = 100

def foo():
    global x
    x = 200
    print(x)

print(x)
foo()
print(x)
```

```
Out
100
200
200  ◀── 成功修改到全域變數了
```

要注意的是，從函式內修改全域變數通常不是好主意，除非是真的不得不如此時候才該這樣做 (例如透過函式更新某個全域設定值)。

修改父函式的變數

如果你撰寫了巢狀函式，並要從子函式修改父函式的變數，情況又不一樣了：

```
In
x = 0
def foo(x, y):  ◀── 父函式
    def bar():  ◀── 子函式
        global x
        x = 20  ◀── 嘗試修改父函式的變數 x

    bar()  ◀── 呼叫子函式
    return x * y

print(foo(10, 10))
```
```
Out
100
```

在此子函式 bar() 修改了全域變數 x 的值，但 bar() 的父函式 foo() 使用的是自己的變數 x。在這種狀況下，用 global 關鍵字去尋找父函式變數顯然是行不通的。

為解決這個問題，就得使用 **nonlocal** 關鍵字。這會使 Python 到函式的外層範圍尋找指定的變數，但會跳過 global 層級：

```
In
def foo(x, y):
    def bar():
        nonlocal x    ◄── 使用父函式的變數 x
        x = 20

    bar()
    return x * y

print(foo(10, 10))
```

```
Out
200 ◄── 正確算出 20 × 10
```

在本書第 9 章還會繼續討論到 LEGB 的概念。

練習 25 XML 產生器

Python 不只能用來解析資料，更能拿來產生資料。在這個練習題中，我們要來寫一個能輸出簡單 XML 格式字串的函式——使用者能傳入不同組合的參數，藉此設定 XML 標籤的名稱、資料與屬性。

uestion

寫一個函式 myxml()，此函式根據填入的參數不同，傳回結果會如下：

呼叫	傳回值
myxml('foo')	<foo></foo>
myxml('foo', 'bar')	<foo>bar</foo>
myxml('foo', 'bar', a=1, b=2, c=3)	<foo a="1" b="2" c="3">bar</foo>

也就是說，第一參數 (必填) 是 XML tag 或 markup，第二參數 (選填) 是 content (夾在 tag 之間的內容)，而其餘數量不定的選擇性參數則是放在 tag 裡面的屬性，以指名方式傳值。

解題思考

☑ 用 ** 接收數量不定的關鍵字參數

從第 1 章開始，我們就看過如何傳遞數量不定的參數給函式：

```
In
def func(*args):
    print(args)

a = 1
b = 2
c = 3
func(a, b, c)
```

```
Out
(1, 2, 3)
```

然而，這樣只能收到參數的值，看不到參數本身的名字。如果想一併接收參數名稱，我們得用雙星號 ** 來傳入數量不定的指名參數（它們傳值時必須指定參數名稱，否則會產生錯誤）：

```
In
def func(**kwargs):
    print(kwargs)

func(a=1, b=2, c=3)
```

```
Out
{'a': 1, 'b': 2, 'c': 3}
```

可以看到，用 ** 接收的關鍵字參數 kwargs 會是個 dict 物件，其元素的鍵與值就是參數名稱與其值。

 args 和 kwargs 這些名稱純粹是命名習慣，你也可以改成像是 *para 和 **attrs。

參考解答

```
In
def myxml(tag, content='', **kwargs):
    attrs_list = []                      ← 數量不定參數放後面
    for key, value in kwargs.items():    ← 走訪 kwargs (dict) 取得 XML 屬性名稱與值
        attrs_list.append(f' {key}="{value}"')    ← 將每個屬性轉成字串放進 list
    attrs = ''.join(attrs_list)          ← 用 join() 接成一整行, 以空格隔開
    return f'<{tag}{attrs}>{content}</{tag}>'    ← 傳回完整的 XML 標籤

print(myxml('foo', 'bar', a=1, b=2, c=3))
```

 練習 **26** 簡易前序式計算機

　　前面提過 Python 函式也是物件,本題就來看如何組合多個函式來達到我們想要的結果。

　　我們一般熟悉的算術式,比如 2 + 3,是所謂的『中序式』表示法 (infix notation)。除此之外還有『前序式』(prefix) 表示法和『後序式』(postfix) 表示法:

1.　前序式:+ 2 3

2.　後序式:2 3 +

　　前序式和後序式表示法的優點,在於能去掉算式中的小括號,使之在程式中更容易解讀。因此,下面我們要來試著寫一個函式,能夠處理簡單的前序式算術式 (像上面一樣只有兩個數字和一個算符)、並算出結果。

uestion

寫一個函式 prefix_cal(), 傳入比如 '+ 2 3' (算術符號 數字 數字) 這樣的字串 (各數字或符號之間以空格隔開), 並傳回計算結果。這個函式得支援加減乘除計算。

解 題 思 考

☑ 拆解出數字與算符

若要將 '+ 2 3' 這樣的字串中的各個元素拆解出來, 用 split() 就能輕鬆辦到 :

```
In
def prefix(to_solve):
    op, num_1, num_2 = to_solve.split()  ◄── split() 預設會以空格拆開字串
    print(num_1, op, num_2)  ◄── 用中序式表示法印出算式

prefix('+ 2 3')
```
- -
```
Out
2 + 3
```

☑ 用 dict 來收集各個計算函式

但是, 在拆解出算符與數字後, 要如何根據算符做出對應的計算呢 ? 直覺方式是寫個很長的 if...elif... 來判斷之。這裡我們將使用另一個辦法 : 先定義好所有計算函式, 然後把它們放進一個 dict, 用算術符號當作鍵 :

```
In
def add(a, b):
    return a + b

def sub(a, b):
    return a - b

def mul(a, b):
    return a * b

def div(a, b):
    return a / b

def prefix_cal(to_solve):
    operation = {
        '+': add,
        '-': sub,
        '*': mul,
        '/': div
        }
    #...下略
```

將函式放進 dict

可以看到這些函式物件被儲存為 dict 鍵的對應值。因此, 只要用鍵取出函式物件, 就能呼叫到正確的函式了。

☑ 使用 lambda 或 operator 來簡化函式定義

前面程式最大的問題, 在於定義了一堆算術函式, 看來不是很簡潔。

有兩個技巧可以進一步簡化程式。首先是把算術函式改用 lambda 匿名函式來定義 :

```
In
def prefix_cal(to_solve):
    operation = {
        '+': lambda a, b: a + b,
        '-': lambda a, b: a - b,
        '*': lambda a, b: a * b,
        '/': lambda a, b: a / b
        }
```

但這樣的程式碼反而更不容易看懂。剛好，這裡還有第二種方式，是使用練習 11 提過的 Python 模組 **operator**，它以函式形式定義了 Python 的各種算符功能：

```
In
import operator

def prefix_cal(to_solve):
    operation = {
        '+': operator.add,
        '-': operator.sub,
        '*': operator.mul,
        '/': operator.truediv
        }
```

參考解答

■ Python Tutor 連結: https://www.flag.com.tw/Redirect/F1750/26

```
In
import operator

def prefix_cal(to_solve):
    operation = {
        '+': operator.add,
        '-': operator.sub,
        '*': operator.mul,
        '/': operator.truediv,
        }
    op, num1, num2 = to_solve.split()   ◄── 取出算符和兩個數字
    return operation[op](float(num1), float(num2))
                        ↑_____ 取出計算函式並呼叫之
print(prefix_cal('+ 2 3'))                   (傳入轉成浮點數的數值)
```

小編補充：完整版的前序式計算機

下面來展示如何以本範例為基礎，寫一個能計算較長前序式算式的函式。

我們使用的例子來自下面的中序式算式：

```
In
(2 + 4) * 3 / (1 + 5)
```

轉換成前序式算式如右：

```
In
/ * + 2 4 3 + 1 5
```

做前序式計算時，其實只要每次從頭尋找符合『算符 數字 數字』的組合並計算之，將結果代回原本的式子，然後一直運算到只剩下最後一個數字，那就是答案了：

步驟	計算
1	/ * ⟨+ 2 4⟩ 3 + 1 5
2	/ ⟨* 6 3⟩ + 1 5
3	/ 18 ⟨+ 1 5⟩
4	⟨/ 18 6⟩
5	3

```
In
import operator

def prefix_cal(to_solve):
    operation = {
        '+': operator.add,
        '-': operator.sub,
        '*': operator.mul,
        '/': operator.truediv
        }
```

NEXT

用來檢查是否為整數或浮點數
的函式 (小數點會被視為句點,
也就是字串, 因此先拿掉)

```python
def isnumber(num):
    return num.replace('.', '').isnumeric()


items = to_solve.split()    ◀── 分割算式
while len(items) > 1:◀── 算式 list 剩下最後一個元素 (長度為 1) 時就是答案
    for i in range(len(items) - 2):
```
每次從算式 list 取出三個元素, 是的話就中止迴圈
```python
        op, n1, n2 = items[i:i + 3]
        if op in operation and isnumber(n1) and isnumber(n2):
            break
```
計算剛才找到的部分, 並將結果放回原式子中
```python
    items = items[:i] + [str(operation[op](float(n1), float(n2)))] 接下行
+ items[i + 3:]


    return float(items[0])    ◀── 傳回答案

print(prefix_cal('/ * + 2 4 3 + 1 5'))
```

Out

```
3.0
```

練習 **自訂密碼產生器**

如今你在網站註冊帳號時，若是使用 Google Chrome 瀏覽器，它會提議替你產生一個完全隨機、讓人很難記住的高強度密碼，並直接將密碼儲存在瀏覽器或你的 Google 帳號中。

下面我們就要來寫一個函式，可以做到類似的功能。差別在於，我們希望『自訂』自己的密碼產生函式，讓它只會根據你從事先指定的一系列字元來產生密碼 (但你可以指定產生長度)。

uestion

寫一個函式 **set_password_source()**, 指定要拿來產生密碼的來源字串，它會傳回一個密碼產生器函式。接著只要呼叫這個函式，傳入長度參數就能產生特定長度的密碼：

`In`

設定密碼產生器的來源字串，
並建立自訂密碼產生函式
↓

```
my_password_gen = set_password_source('0123456789abcdefghij')
print(my_password_gen(10))
```
← 呼叫自訂密碼函式, 產生 10 位數密碼

`Out`
```
fd3436c16e
```

解 題 思 考

☑ 使用閉包函式

　　這題乍看之下想必會很奇怪——為什麼 set_password_source() 傳回的 my_password_gen 能夠『記住』你的密碼來源字串呢？這其實是靠著所謂的**閉包 (closure)** 實現的。

　　簡單地說，當一個函式的傳回值是它內部定義的子函式，而這個子函式又使用到父函式的變數時，該子函式物件就會成為『閉包』——它會**記得**父函式的變數，即使該變數的所在範圍並不在該子函式內。來看以下例子：

```
In
def add(n):
    def closure(x):    ◀── 定義子函式
        return n + x   ◀── 子函式會相加父函式跟自己收到的參數
    return closure     ◀── 傳回子函式

my_add = add(10)   ◀── 取得父函式傳回的閉包函式
print(my_add(5))  ┐
                  ├── 呼叫閉包函式
print(my_add(7))  ┘
----------------------------------------------------------------
Out
15
17
```

　　可以發現，儘管 my_add 被指派的對象是在 add 內部定義的子函式，但這個函式 (閉包) 仍能記得 add 的參數 n 值 (在此例是 10)。

　　只要借用同樣的原理，你就能讓閉包函式記住用來產生密碼的原始字串。

 小編註：若上面的 closure() 希望修改父函式的變數 n，則必須搭配本章第一節提到的 nonlocal 關鍵字。

☑ 用 random.choice() 從容器隨機挑選元素

至於要如何從字串中抽出字元來組成密碼呢？random 模組的 **choice()** 能從容器 (list、字串等) 隨機選出一個元素：

```
In
import random

for _ in range(5):          ┌── 每次從這個字串隨機選出一個字
    print(random.choice('0123456789'))
```

```
Out
5
6
3
0
5
```

參 考 解 答

■ Python Tutor 連結: https://www.flag.com.tw/Redirect/F1750/27

```
In
import random

def set_password_source(source):
    def password_gen(length):  ◀── 閉包函式 (會記住變數 source)
        output = []
        for i in range(length):      從 source 隨機挑選 length 個字元放進 output
            output.append(random.choice(source)) ◀──┘
        return ''.join(output)  ◀── 將 output 合併為字串傳回
    return password_gen  ◀── 傳回密碼產生器的閉包函式

my_password_gen = set_password_source('0123456789abcdefghij')
print(my_password_gen(10))
```

MEMO

07

函數式程式設計

程式設計師總是在試著精簡程式，同時讓程式更可靠、更容易除錯。對於這點，我們還有一個可運用的技巧，叫做**函數式程式設計** (functional programming)。

函數式程式設計的中心概念是使用『不可變的資料』；若一個函式不被允許修改參數或外部變數，那麼它能做的事情就很有限，程式碼也會變得更短、更好讀懂和維護。此外，函數式程式設計允許**把函式當成參數**傳給其他函式。這麼一來，你就能將程式切割能眾多短小的函式。

Python 語言不是函數式語言——它有可變的資料型別和指派算符，不過仍融合了許多函數式程式設計的特色。例如，Python 函式本身也是物件，可當成其它函式之參數，諸如 sorted(), map() 和 filter() 這些函式不僅不會修改原始容器，還會接收另一個函式來使用。

 小編註：參數或回傳值為函式的函式, 也稱為**高階函式 (higher-order function)**。

不僅如此，Python 的**生成式 (comprehension)** 也是一種函數式功能；它雖不是函式，卻一樣能在不影響原資料的情況下處理和產生新資料，並能結合其他函式使用，而且能大幅減少需撰寫的程式碼。

人們初次學習生成式時，自然會很難理解它們的用途，但你會在接下來的歲月越來越懂該在什麼時機使用它。因此在這一章，我們要來集中討論 Python 生成式。

 小編補充：Python 的函數程式設計功能起源

Python 的 lambda 無名函式、map()、filter() 等 (於 1994 年的 1.0 加入)，其名稱和功能據信都是借自 LISP, 史上第二古老的程式語言兼第一個函數式程式語言。

儘管 LISP 也有生成式，但許多人認為 Python 生成式的語法及實作 (於 2000 年的 2.0 加入) 是『直接』參考自 Haskell, 一種純函數式語言。

 練習 輸出一組數字的絕對值

 uestion

寫一個函式 abs_numbers(), 接收一個參數 (包含一系列數字的容器), 並在函式中以生成式傳回一個容器, 內容為參數之所有元素的絕對值 :

> **In**
> ```
> print(abs_numbers([1, -2, 3, -4, 5]))
> ```
> **Out**
> ```
> [1, 2, 3, 4, 5]
> ```

解題思考

☑ list 生成式

在前幾章中, 我們常會用迴圈來產生 list :

> **In**
> ```
> my_list = []
> for x in range(10):
>     my_list.append(x)
>
> print(my_list)
> ```
> **Out**
> ```
> [0, 1, 2, 3, 4, 5, 6, 7, 8, 9]
> ```

但若換成 list 生成式，上面的 4 行程式就會變成只有 1 行：

```
In
print([x for x in range(10)])
```
```
Out
[0, 1, 2, 3, 4, 5, 6, 7, 8, 9]
```

現在來看 list 生成式的語法：

[值或運算式 for 值 in 容器] ◀── 用中括號括起

這意思就是從容器輪流取值，然後直接輸出該值，或者能對值做任意運算：

```
In
print([x ** 2 for x in range(10)])
```
```
Out
[0, 1, 4, 9, 16, 25, 36, 49, 64, 81]
```

參 考 解 答

■ Python Tutor 連結：https://www.flag.com.tw/Redirect/F1750/28

```
In
def abs_numbers(numbers):
    return [abs(x) for x in numbers]

print(abs_numbers([1, -2, 3, -4, 5]))
```

小編補充：map() vs. 生成式

在某些情境下，Python 內建函式 **map()** 的運作效果和生成式相同：

map(函式 , 容器)

map() 會將容器的每個元素套進其函式參數，並將函式的結果包成 map 容器傳回 (通常得自行再轉成 list 或其他容器)。

以上面的 abs_numbers() 來說，改寫成 map 版本便如下：

```
In
def abs_numbers(numbers):
    return list(map(abs, numbers))
              ┗━━ 轉成 list 以便印出
print(abs_numbers([1, -2, 3, -4, 5]))
```
```
Out
[1, 2, 3, 4, 5]
```

練習 29 只加總資料中的數字

生成式不只能用來產生新 list；你還能加入 if 判斷條件來過濾原始資料、輕鬆保留我們想要的東西並加以運算。

Question

寫一個函式 sum_numbers()，傳入一個字串 (當中各筆資料用空格分開)。以生成式過濾出字串中的整數，並傳回其總和。

例如，假設有下面這樣的字串：

```
In
10 abc 20 de44 30 55fg 40
```

若將這個字串傳給 sum_numbers()，就會得到 10 + 20 + 30 + 40 = 100 (de44 和 55fg 被略過)。

解題思考

☑ 生成式的 if 過濾條件

若在生成式尾端加上 if 判斷式，就會根據該判斷式的條件來決定哪些元素該放進新的 list：

```
[ 值或運算式 for 值 in 容器 if 條件判斷式 ]
```

```
In
print([x ** 2 for x in range(10) if x % 2 == 0])
```
↑—— 過濾條件 (x 為偶數時)

```
Out
[0, 4, 16, 36, 64]
```

可以注意到上面生成式從 range() 取出的 x 值，唯有 if 的條件成立時，才會交給前面的運算式處理。

 生成式的排版風格

如果生成式比較長，程式碼就會變得較難讀懂和維護了。在這種情況下，我強烈建議各位採用分行的方式來撰寫它：

```
In
print([x ** 2    ◄—— 運算式
        for x in range(10)    ◄—— 走訪
        if x % 2 == 0])    ◄—— 判斷條件
```

參考解答

■ Python Tutor 連結: https://www.flag.com.tw/Redirect/F1750/29

```
In
def sum_numbers(data):
```
↙—— 過濾出需要的值後，用 sum() 加總
```
    return sum([int(d)
                for d in data.split()
                if d.isdigit()])
```
↑—— 可轉為整數 (即不含其他字串) 的元素才保留
```
print(sum_numbers('10 abc 20 de44 30 55fg 40'))
```

小編補充：filter() vs. 生成式

Python 的 **filter()** 函式也具有過濾容器元素的能力：

---

filter(函式，容器)

---

filter() 將容器元素分別傳入其函式參數後，結果為 True 的才會保留，然後傳回
filter 容器，和 map() 一樣得自行轉換成其他容器。

若將上面的範例 sum_numbers() 用 map() 和 filter() 改寫，會變成如下：

```
In
def sum_numbers(data):
    return sum(list(
            map(int,        ← map() 用來把 filter() 篩選過的字串元素轉成整數
            filter(lambda d: d.isdigit(), ←
                data.split()))))             將可以轉成整數的
print(sum_numbers('10 abc 20 de44 30 55fg 40'))   字串元素篩選出來
```

```
Out
100
```

map() 與 filter() 也是函數式程式設計的一環，但各位應該可以發現，直接使用
生成式仍會比 map()、filter() 和 lambda 簡潔許多。

用巢狀生成式『壓平』二維 list

練習 30

有時候，你收到的資料會使用巢狀結構，比如一個二維 list ——但為了能更方便處理之，你會希望將它『壓平』(flatten)，使之變成單純的一維 list。

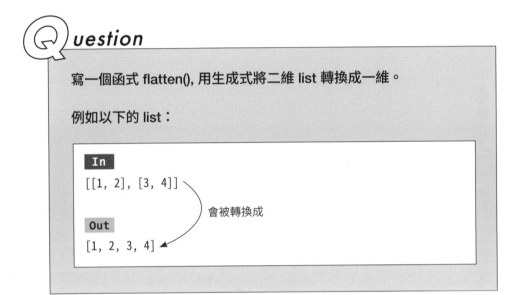

Question

寫一個函式 flatten()，用生成式將二維 list 轉換成一維。

例如以下的 list：

```
In
[[1, 2], [3, 4]]
```

會被轉換成

```
Out
[1, 2, 3, 4]
```

解題思考

☑ 巢狀走訪的生成式

令人訝異，生成式可以有不只一層，達到走訪巢狀容器的效果。為了解釋這是如何運作的，我們先來看正規的 for 迴圈版本。

```
In
my_list = []
for x in [[1, 2], [3, 4]]:  ◀── 會先走訪 [1, 2] 然後是 [3, 4]
    for y in x:  ◀── 第一次走訪 1 和 2, 第二次走訪 3 和 4
        my_list.append(y)

print(my_list)
```

```
Out
[1, 2, 3, 4]
```

若用生成式來寫, 會變成如下:

```
In
print([y
       for x in [[1, 2], [3, 4]]
           for y in x])
```

只要對照前面的 for 迴圈版, 不難看出巢狀 list 生成式其實就是巢狀 for 的另一種寫法而已。差別在於, 你在生成式可以全部寫成同一行 (上面的換行跟縮排是為了閱讀方便)。

參考解答

■ Python Tutor 連結: https://www.flag.com.tw/Redirect/F1750/30

```
In
def flatten(data):
    return [sub_element
            for element in data  ◀── 走訪 data
                for sub_element in element]  ◀── 走訪 data 的元素 element

print(flatten([[1,2], [3,4]]))
```

練習 豬拉丁文——檔案翻譯機

在了解巢狀 list 生成式後，下面我們將沿用第 2 章提到的『豬拉丁文』，並把它套用在文字檔處理上。在文字檔中，每一行字都由若干個字組成，正好就像個巢狀容器。

Question

寫一個函式 pl_file()，傳入一個檔名，以生成式將該文字檔的內容 (每一行的每個字) 轉成豬拉丁文後，以一個字串形式傳回。這裡假設文字檔中只有英數和空白，沒有標點符號等字元。

例如，若沿用第 5 章的文字檔 text2.txt：

`In`

Beautiful is better than ugly.
Explicit is better than implicit.
Simple is better than complex.
Complex is better than complicated.
Flat is better than nested.
Sparse is better than dense.
Readability counts.

會輸出

`Out`

eautifulbay isway etterbay hantay uglyway explicitway isway
etterbay hantay implicitway implesay isway etterbay hantay
omplexcay omplexcay isway etterbay hantay omplicatedcay latfay
isway etterbay hantay estednay parsesay isway etterbay hantay
enseday eadabilityray ountscay

參考解答

■ Python Tutor 連結: https://www.flag.com.tw/Redirect/F1750/31

```
In
def pl_word(word):  ◄── 此函式 (豬拉丁文單字轉換) 取自第 2 章練習 05
    if word[0] in 'aeiou':
        return f'{word}way'
    return f'{word[1:]}{word[0]}ay'

def pl_file(filename):
    with open(filename, 'r') as f:
                                        用生成式走訪檔案中每個單字,
                                        去掉句點後轉成豬拉丁文

        return ' '.join([pl_word(word.lower().replace('.', ''))
                         for line in f
將所有字合併起來,以空格分開    for word in line.split()])

print(pl_file(r'C:\路徑\text2.txt'))
                                        用 list 生成式走訪每個單詞
```

將所有字合併起來,以空格分開

用 list 生成式走訪每個單詞

練習 32 顛倒一個 dict 的鍵與值

除了 list 生成式以外, Python 其實還有 **set 生成式**以及 **dict 生成式**。

set 生成式和 list 生成式一樣,只是得改用大括號:

> { 運算式 for 鍵 in 容器 }

在使用 **dict 生成式**時，語法則如下 (要同時產生鍵與值)：

> { 運算式 , 運算式 for 鍵 , 值 in 容器 }

如果要用另一個 dict 來生成新的 dict, 可以使用 dict.items() method (見第 4 章練習 15)。

uestion

寫一個函式 flipped_dict(), 傳入一個 dict, 用生成式顛倒其鍵與元素後傳回。

例如 , 以下的 dict

```
In
{'a': 1, 'b': 2, 'c': 3}
```

```
Out
{1: 'a', 2: 'b', 3: 'c'}  ◄── 輸入 flipped_dict() 後會傳回
```

參 考 解 答

■ Python Tutor 連結: https://www.flag.com.tw/Redirect/F1750/32

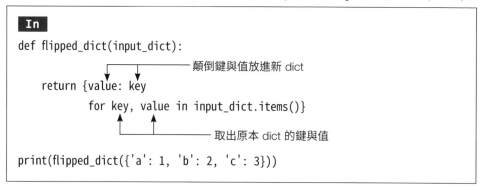

```
In
def flipped_dict(input_dict):
                              ── 顛倒鍵與值放進新 dict
    return {value: key
            for key, value in input_dict.items()}
                              ── 取出原本 dict 的鍵與值
print(flipped_dict({'a': 1, 'b': 2, 'c': 3}))
```

延 伸 技 巧

☑ 只走訪 dict 鍵的 dict 生成式

如我們在第 4 章看過的,如果直接走訪 dict 而不是 dict.items() 容器,就只會走訪其鍵而已。不過,用點小技巧還是有辦法一併取出值:

```
def flipped_dict(input_dict):
                          ── 用 dict[鍵] 來取出值
    return {input_dict[key]: key
            for key in input_dict}
                          ── 只走訪 dict 鍵
print(flipped_dict({'a': 1, 'b': 2, 'c': 3}))
```

練習 33 擷取登入帳號資訊 (生成式版)

dict 生成式也可以用其他容器來產生。比如在第 5 章練習 19 中，我們曾用 dict 來儲存 Unix 系統 /etc/passwd 登入檔的使用者名稱及其 ID：

```
In
root:x:0:0:root:/root:/bin/bash
daemon:x:1:1:daemon:/usr/sbin:/usr/sbin/nologin
bin:x:2:2:bin:/bin:/usr/sbin/nologin
sys:x:3:3:sys:/dev:/usr/sbin/nologin
sync:x:4:65534:sync:/bin:/bin/sync
games:x:5:60:games:/usr/games:/usr/sbin/nologin
man:x:6:12:man:/var/cache/man:/usr/sbin/nologin
lerner:x:1000:1000:Reuven Lerner:/home/lerner:/bin/bash
```

```
Out
{'root': '0', 'daemon': '1', 'bin': '2', 'sys': '3', 'sync': '4', 'games':
'5', 'man': '6', 'lerner': '1000'}
```

現在，與其使用迴圈，我們要改用 dict 生成式來重現這一題。

Question

寫一個函式 passwd_to_dict_2(), 以生成式抽出 /etc/passwd 檔案中的使用者名稱與 ID, 並包成 dict 的形式傳回。

解 題 思 考

☑ 以生成式產生容器的方向

在練習 19 中，我們必須用 for 迴圈讀取檔案的每一行、將該行拆成 list, 然後讀取該 list 當中索引 0 與 2 的元素。

但若你照前面練習 31 的方式用巢狀生成式走訪檔案，會發現所有的元素被放進單一一個 list, 這樣並不是我們想要的結果：

```
In
with open(r'C:\路徑\passwd.cfg') as f:
    print([words
        for line in f
            for words in line.split(':')])
```
這樣會單獨走訪所有的字，而不是先走訪每一行再讓我們取出該行想要的字

```
Out
['root', 'x', '0', '0', 'root', '/root', '/bin/bash\n', 'daemon', 'x', '1',
'1', 'daemon', '/usr/sbin', '/usr/sbin/nologin\n'...]
```

因此，這裡得改變巢狀生成式的寫法：先讀出一個 list, 每個元素是每一行的字串，接著才用 split() 方法將各行分割成子 list, 這樣每一行的單字就不會跟其他行混在一塊：

```
In
with open(r'C:\路徑\passwd.cfg') as f:
    print([line.split(':') for line in f])
```

```
Out
變成二維 list 了
[['root', 'x', '0', '0', 'root', '/root', '/bin/bash\n'], ['daemon', 'x',
'1', '1', 'daemon', '/usr/sbin', '/usr/sbin/nologin\n'], ...
```

　　有了這個容器後，再用另一個生成式去走訪它，就能從每一行抽出想要的特
定元素了：

```
In
with open(r'C:\路徑\passwd.cfg') as f:
    print([words[0] ◀── 這裡只取出每行的第一個元素 (使用者名稱)
           for words
           in [line.split(':') for line in f]])
```

```
Out
['root', 'daemon', 'bin', 'sys', 'sync', 'games', 'man', 'lerner']
```

參 考 解 答

■ Python Tutor 連結: https://www.flag.com.tw/Redirect/F1750/33

```
In
def passwd_to_dict_2(filename):
    with open(filename) as f:
        d = {words[0]: words[2]
             for words
             in [line.split(':') for line in f]}
    return d

print(passwd_to_dict_2(r'C:\路徑\passwd.cfg'))
```

練習 34 過濾檔案中特定條件的單字

這裡我們要再次使用前面看過的 text2.txt：

```
In
Beautiful is better than ugly.
Explicit is better than implicit.
Simple is better than complex.
Complex is better than complicated.
Flat is better than nested.
Sparse is better than dense.
Readability counts.
```

現在，我們想用生成式來過濾檔案中符合特定條件的單字，例如『至少包括三個母音字母』：

```
Out
['Beautiful', 'complicated', 'Readability']
```

Question

寫一個函式 word_filter()，能讀取文字檔，並將其中含有三個以上的母音字母的單字 (不含句點) 篩選出來，以 list 形式傳回。

解題思考

☑ 如何檢查單字的母音字母數量

想知道一個單字內有幾個母音，辦法是用 set 容器建立一個母音表，然後看它和單字的字母有幾個相同 (即『交集』範圍的字母數量)：

```
In
word = 'Readability'
word_set = set(word.lower())   ← 用 set() 取得小寫單字中的不重複字母
vowels = {'a', 'e', 'i', 'o', 'u'}
print(len(word_set & vowels))  ← 取得兩個集合的交集後計算其長度
```
```
Out
3
```

參考解答

■ Python Tutor 連結: https://www.flag.com.tw/Redirect/F1750/34

```
In
def word_filter(filename):
    vowels = {'a', 'e', 'i', 'o', 'u'}
    with open(filename, 'r') as f:
        words = ([word.replace('.', '')
                    for line in f
                        for word in line.split()  ← 取出每個單字 (不分行)
                        if len(set(word) & vowels) >= 3])  ← 篩選至少含 3 個
    return words                                               母音的單字

print(word_filter(r'C:\路徑\text2.txt'))
```

練習 35 希伯來數字密碼 (Part I)

各位或許看過有人在玩『生日密碼』之類的遊戲吧！其實打從遠古的巴比倫時代，就有人在這樣做了，把每個字母轉成對應的數字並加總 (如 a=1, b=2, c=3...)，這稱為希伯來字母替換法 (Gematria)。有些人認為，加總數值相同的單字，就會有某種神祕連結存在。換句話說，你可以藉此尋找跟你的名字有特殊關聯的單字。

這題比較大，會拆成上下兩題。在前半題中，我們要先做準備——用生成式產生一份能將 26 個英文字母對應到數字的 dict 對照表。在下個練習題 (Part II) 中，我們便會來計算一份文字檔中所有單字的希伯來數字密碼，並跟你要尋找的單字做比對。

Question

寫一個函式 gematria_dict(), 能傳回一個 dict, 內容為 26 個小寫英文字母 (a~z) 跟其對應值 (1~26)：

```
Out
{'a': 1, 'b': 2, 'c': 3, 'd': 4, 'e': 5, ...}
```

解題思考

☑ 用 string.ascii_lowercase 取得英文字母清單

string 模組的 ascii_lowercase 屬性會以字串傳回所有小寫英文字母 (相對的, string.ascii_uppercase 會傳回所有大寫字母)：

```
In
import string
print(string.ascii_lowercase)
```

```
Out
'abcdefghijklmnopqrstuvwxyz'
```

☑ 用 enumerate() 傳回上述字母與其對應數字

有了字母清單後，只要搭配 enumerate()（第 1 章練習 04)，就能輕易取得字母跟它們各自對應的數字：

```
In
list(enumerate(string.ascii_lowercase))
   └── 要用 list() 轉換過才有辦法印出內容
```

```
Out
[(0, 'a'), (1, 'b'), (2, 'c'), (3, 'd'), (4, 'e')...]
```

但注意 enumerate() 的索引為從 0 開始，而希伯來替換法的 a 值為 1。這時我們可指定 enumerate() 的第二個參數為 1，讓索引從 1 開始計：

```
In
list(enumerate(string.ascii_lowercase, 1))
```

```
Out
[(1, 'a'), (2, 'b'), (3, 'c'), (4, 'd'), (5, 'e')...]
```

參考解答

```
In
import string

def gematria_dict():
    return {char: index  ◄── 用字母當鍵, 對應數值為 dict 值
            for index, char
            in enumerate(string.ascii_lowercase, 1)}

GEMATRIA = gematria_dict()
```

練習35 希伯來數字密碼 (Part II)

在下半題, 我們要使用前面範例產生的對照表『GEMATRIA』來計算文字檔中所有單字的希伯來數值。這又細分為兩部分: 計算一個單字的希伯來數值的函式, 以及走訪文字檔各單字的函式。

uestion

撰寫以下兩個函式:

[1] gematria_value() 可傳入一個單字, 它會計算該字的希伯來數值 (每個字母的對應值的加總結果)。

[2] gematria_equal_words() 傳入一個要比對的單字和一個文字檔路徑, 它會在該檔案中找出所有希伯來數值跟輸入單字相同的字, 並以 list 形式傳回。

NEXT

為了增加比對樣本，使我們更容易找到符合的字，下面我們使用的文字檔為古騰堡計畫的『愛麗絲夢遊仙境』(https://www.gutenberg.org/ebooks/11) 全文，你可以下載其 .txt 檔和儲存在電腦中。注意古騰堡計畫的純文字檔為 cp950 編碼，因此讀取時得轉成 UTF-8 以利處理。

參 考 解 答

這裡我們一併寫出包括前半題的程式：

```
In
import string

def gematria_dict():
    return {char: index
            for index, char
            in enumerate(string.ascii_lowercase, 1)}

GEMATRIA = gematria_dict()

def gematria_value(word):  ◀── 計算希伯來數值的函式
    return sum(GEMATRIA[char]
               for char in word.lower()  ◀── 確保將單字轉成小寫
               if char in GEMATRIA)
                ▲── 如果字母有在對照表中 (a~z) 才加入數
                    值 (因此標點符號等等都不會列入計算)
def gematria_equal_words(input_word, filename):  ◀── 走訪檔案的函式
    input_value = gematria_value(input_word)  ◀── 取得欲查詢單字的希伯來數值
    with open(filename, 'r', encoding='utf-8') as f:  ◀── 用 UTF-8 編碼開啟檔案
```

NEXT

```
        return [word
                for line in f
                for word in line.lower().split()
                if input_value == gematria_value(word)]
                        ┗━━ 希伯來數值跟輸入單字相等的字, 才會放進 list 中
                            ┏━━ 要比對的單字是 『programming』
print(gematria_equal_words('programming', r'C:\路徑\book.txt'))
```

Out

```
['puzzling', 'puzzling', 'puzzling', 'puzzling', 'explanation.',
 'explanation;', 'ridiculous', 'upsetting', 'distributed:', 'distributed',
 'explanation', 'explanation.', 'distributed', 'unsolicited', 'professor',
 'distributed']
```

你或許有注意到, 上面的輸出結果有些含有標點符號。不過這其實沒有不影響, 因為 gematria_value() 函式的生成式只會計算 a~z 字母的值。

順便來印出上面幾個單字的希伯來數值, 看看是否真的都相同:

In

```
print(gematria_value('programming'))
print(gematria_value('professor'))
print(gematria_value('explanation'))
```

Out

```
131
131
131
```

模組與套件

前一章探討的函數式程式設計與生成式，是 Python 程式設計中最難懂的領域之一；相較之下，本章會讓你感覺簡單得有如天壤之別。

任何 Python 檔案都能成為一個**模組 (modules)**。模組非常好懂，卻也非常重要。它究竟有什麼用處呢？

我在這本書已經提過幾次『別重複你自己』原則。當我們在單一程式中有重複用到的程式碼時，可以把它寫成函式，但若這些程式碼會被多支程式使用，那麼就能將它寫進一個函式庫，也就是 Python 中的模組。換言之，模組能讓我們寫出更簡潔、更好讀和更容易維護的程式碼。而若將許多模組集結在一塊，就會變成所謂的**套件 (packages)** 了。

模組的第二個好處是能在 Python 中創造**命名空間** (namespace)。當你和別人合作開發程式時，只要將決定好名稱的變數跟函式放在模組中，就不必擔心會產生衝突了。

在這一章中，我們就要來看如何在 Python 中使用及建立模組／套件。

 Python 第三方套件

Python 內建有大量模組 (即『標準函式庫』), 或者像人們常說的那樣『內附電池』(batteries included)。不過, Python 最出名的一點就在於有超多第三方套件可供選擇, 你可以在 **Python Package Index** (PyPI, https://pypi.org) 瀏覽它們。

在本書撰寫時, PyPI 網站上就已有將近 30 萬種套件。那麼你要怎麼知道哪些套件值得一試？網站 **Awesome Python** (https://awesome-python.com/) 針對各種領域列出了一系列套件的穩定發行版。就算這份清單的套件不能保證都是最好, 也是個不會踩到雷的好起點。

▌ import 的幾種語法

在 Python 中, 諸如 list、dict、sorted() 這些內建功能都屬於 builtins 命名空間, 因此可以直接使用。至於其他模組的功能, 則得用 **import** 來匯入。

標準的 import 語法如下, 一般會寫在程式最開頭：

```
In
import 模組名稱
```

　　import 所做的事不只是匯入模組或套件,而是會**定義一個變數名稱**。當你執行 import 時,Python 會嘗試在系統中尋找與該變數同名稱的 .py (原始碼) 或 .pyc (編譯過的位元組碼) 檔案。正如 def 關鍵字會建立一個新變數名稱指向新函式物件,import 會將它後面的變數名稱指向匯入的模組。若有多個模組同名,那麼只有第一個符合名稱的會被匯入。Python 在第一次匯入模組,或是發現有新版本時,都會替模組產生新的 .pyc 檔,置於模組所在資料夾的 __pycache__ 子資料夾下。

 小編註:透過某些編輯器 (如 Jupyter Notebook) 執行 Python 程式時就不會替模組產生 .pyc 檔。

　　假如模組的名稱有點長,你可以給它取別名:

> **import 模組名稱 as 別名**

　　例如:

```
In
import matplotlib.pyplot as plt
```

　　上面匯入了 matplotlib.pyplot (一個著名的第三方繪圖套件),並取別名為 plt。這麼一來,之後你在程式碼中就可用 plt 呼叫其功能。

　　若你要使用模組底下的功能,可以用『模組 . 功能』的命名空間。例如,下面匯入 time 模組後,呼叫模組內的 ctime() 函式,好取得系統目前時間的字串:

```
In
import time
print(time.ctime())
```

但每次呼叫函式都要包含模組名稱，能不能直接呼叫 ctime() 函式就好了呢？你可以用下面的語法載入之：

```
from 模組 import 功能 1, 功能 2...
```

這樣改寫程式如下：

```
In
from time import ctime
print(ctime())
```

你當然也可以給匯入的功能取別名：

```
In
from time import ctime as ct
print(ct())
```

以上的幾種 import 方式，只有 ctime 這個名稱可在程式中存取，time 模組其餘的功能則無法使用。如果你想將 time 模組底下的所有功能通通匯入，可以使用 * 號：

```
In
from time import *

print(time())
print(ctime())
print(gmtime())
print(localtime())
...
```

這麼做會取出模組底下的所有成員，將它們宣告成你程式內的全域變數。當然，這樣也比較容易造成問題，例如無意間讓兩個模組的同名成員起衝突。所以除非特別有必要，我們並不建議各位使用 * 來匯入模組的所有功能。

 from 模組 import * 也不一定會匯入模組內的所有東西。若模組有定義 __all__ 屬性，只有該屬性 (一個 list) 內存在的名稱才會被匯入。

 練習 **36 所得稅計算模組**

模組讓我們能把複雜的實作細節包裝起來，以便在寫程式時用更高階的抽象角度思考。在這個練習題中，我們便要來寫一個能計算所得稅的模組。

假設某某國的所得稅率是這樣計算的：

所得	稅率
0~10000 美元	10%
10001~50000 美元	20%
50001~100000 美元	30%
100001~500000 美元	40%
500000 美元以上	50%

 uestion

撰寫一個模組 income_tax.py, 裡面包含以下內容：

1 TAX_RATE, 一個 dict, 記載所得級距的起點與該級距的稅率。

2 find_tax_rage() 函式，根據所得傳回對應的稅率。

3 calculate_tax() 函式，使用 find_tax_rage() 來計算並傳回所得稅額。

建立好這個模組後，使用者就
能像這樣在自己的程式匯入它來計
算所得稅：

```
In
from income_tax import calculate_tax
print(calculate_tax(77000))
--------------------------------------
Out
23100.0 ◀───── 77000 * 0.3
```

參考解答

☑ income_tax.py

 小編註：為方便起見，你可將 income_tax.py 與你的主程式檔案儲存於同一資料夾中，如此
一來便能正常匯入。

```
In
TAX_RATE = {
    0: 0.1,
    10000: 0.2,
    50000: 0.3,
    100000: 0.4,
    500000: 0.5
    }

def find_tax_rage(amount):
    result = 0.0
                    ─── 走訪 dict
    for income, rate in TAX_RATE.items():
        if amount >= income: ─┐
            result = rate     ├──── 比較所得, 找到級距符合的稅率
    return result

def calculate_tax(amount):
    return amount * find_tax_rage(amount)
```

✅ 主程式

```
In
from income_tax import calculate_tax ◀── 從我們的模組匯入所需功能
print(calculate_tax(77000))
```

延 伸 技 巧

✅ 加入符合 Python 風格的錯誤檢查

既然你撰寫的模組有可能被許多程式 (甚至許多使用者) 使用,你必須考量到各種可能的不當操作。例如,在上面的範例中,使用者有可能對 calculate_tax() 的 amount 參數傳入非數值,導致計算錯誤。

為防範這種可能性,並對使用者的不當操作提出警示,我們可在 calculate_tax() 中引發 ValueError 例外:

```
In
def calculate_tax(amount):
        ▼── 如果 amount 不是 int 或 float 型別就引發 ValueError 例外
    if not (isinstance(amount, int) or isinstance(amount, float)):
        raise ValueError('Parameter "amount" has to be a number')
    return amount * find_tax_rage(amount)
```

但 ValueError 是個很籠統的例外名稱。若想更精確在錯誤訊息中反映錯誤的類型 (比如『輸入了非數值』),可自行定義例外類別:

```
In
class IncomeIsNotNumberError(ValueError):
    pass          ←── 定義自訂例外類別 (繼承自 ValueError)


def calculate_tax(amount):
    if not (isinstance(amount, int) or isinstance(amount, float)):
        raise IncomeIsNotNumberError('Parameter "amount" has to be a number')
                  ←── 引發自訂例外
    return amount * find_tax_rage(amount)
```

這麼一來，若你嘗試在呼叫 calculate_tax() 時傳入非數值，就會看到以下錯誤訊息：

```
In
import income_tax

print(income_tax.calculate_tax('99999'))
------------------------------------------------------------------------
Out
Traceback (most recent call last):
  File "C:\...\Test.py", line 3, in <module>
    print(income_tax.calculate_tax('99999'))
  File "C:\ ...\income_tax.py", line 21, in calculate_tax
    raise IncomeIsNotNumberError('Parameter "amount" has to be a number')
income_tax.IncomeIsNotNumberError: Parameter "amount" has to be a number
```

☑ 用 decimal 更精確計算浮點數

若你的模組會處理到浮點數運算，你或許該考慮使用 Python 內建的 decimal 模組。這是因為 float 型別的小數位是用二進位來儲存，因此多少總有些誤差：

```
In
print(2.4 + 3.3)
```

```
Out
5.699999999999999
```

但若使用 decimal 模組的 Decimal 物件，就能得到一致的精確性：

```
In
from decimal import Decimal
print(Decimal('2.4') + Decimal('3.3'))  ←── 將數值轉成字串輸入 Decimal
```

```
Out
5.7
```

因此我們可以將本範例的 income_tax.py 改寫成如下：

```
In
from decimal import Decimal

class IncomeIsNotNumberError(ValueError):
    pass

TAX_RATE = {
    0: Decimal('0.1'),
    10000: Decimal('0.2'),
    50000: Decimal('0.3'),
    100000: Decimal('0.4'),
    500000: Decimal('0.5')
    }
```

NEXT

```
def find_tax_rage(amount):
    result = Decimal('0.0')
    for income, rate in TAX_RATE.items():
        if amount >= income:
            result = rate
    return result


def calculate_tax(amount):
    if not (isinstance(amount, int) or isinstance(amount, float)):
        raise IncomeIsNotNumberError('Parameter "amount" has to be a number')
    return float(Decimal(str(amount)) * find_tax_rage(amount))
```
↑── 在最終傳回給呼叫者之前才轉成 float 型別

▌創造與管理套件

前面我們將 income_tax.py 當成獨立模組來用，但稅的種類很多，所得稅模組也許會和其他模組構成一個套件。這裡我們就來看如何將 income_tax 模組放在『tax』套件中：

1. 於你的主程式所在資料夾新增一個子資料夾 **tax**。

2. 將 income_tax.py 搬到 tax 資料夾底下。

3. 於 tax 資料夾內新增一個空的檔案 **__init__.py**。

    這個 tax 資料夾就是一個套件，目前它底下只有一個模組 income_tax.py。

這麼一來，你可用如下的方式匯入 income_tax：

`In`

```
from tax import income_tax
print(income_tax.calculate_tax(135000))
```

或者可以用『套件 . 模組』的名稱來匯入：

`In`

```
import tax.income_tax
print(tax.income_tax.calculate_tax(135000))
```

套件與子套件

若套件下有子套件 (子資料夾)，就可用以下方式匯入模組：

`In`

```
import 套件.子套件.模組
```

　或者

`In`

```
from 套件.子套件 import 模組
```

函式選單模組

在本章第二個練習中，我們要來用模組實作一個調度表 (dispatch table)——
使用者能傳入任意數量的函式，並可隨時用一個名稱來取得所需的函式。

Question

撰寫一個模組 menu, 當中包含一個函式 menu()：

1 使用者用一系列關鍵字參數和外部函式傳入 menu() (參考第 6
章練習 25), 它會傳回一個 menu 物件。實際上 menu() 會傳回
一個閉包函式 (參閱第 6 章練習 27) 給使用者。

2 這個閉包函式沒有參數，但執行時會印出所有關鍵字參數，並以
input() 詢問使用者要選擇哪一個外部函式。

3 menu 物件根據使用者輸入的關鍵字，傳回對應的外部函式，並
結束自身程式。若使用者輸入的關鍵字無效，就以迴圈繼續提
示使用者輸入。

執行效果會像這樣：

```
In
from menu import menu  ◀── 從自訂的 menu 模組匯入 menu()

def func_a():
    return '執行函式 A'  ◀── 各種外部函式
```

NEXT

```
def func_b():
    return '執行函式 B'

def func_x():
    return '執行函式 X'

my_menu = menu(a=func_a, b=func_b, x=func_x)  ◀── 建立 menu 物件

func = my_menu()  ◀── 傳回使用者選擇的外部函式
print(func())  ◀── 執行外部函式
```

Out

選擇項目 (a/b/x): a ◀── 使用者輸入外部函式關鍵字
執行函式 A

參考解答

☑ menu.py

In

```
def menu(**options):
    def menu_selector():  ◀── 定義閉包函式 (menu 物件)
                      ┌── 把 option (dict) 內容串起來, 當成給使用者的輸入提示
                      ▼
        option_string = '/'.join(options)
        while True:
            choice = input(f'選擇項目 ({option_string}): ')
            if choice in options:
                return options[choice]  ◀── 傳回使用者要求的函式
                break
            print('選項不存在!')
    return menu_selector
```

延伸技巧

☑ 在模組加入測試程式碼

你可能在不少 Python 程式中看過下面這句：

```
In
if __name__ == '__main__':
```

這是在做什麼呢？原來，任何 Python 檔案執行時會擁有 __name__ 變數，若該檔案是由使用者直接執行，這個變數的內容就是 '__main__'。若檔案被當成模組匯入，內容則會是模組名稱：

```
In
import menu
print(menu.__name__)
```

```
Out
menu
```

因此若在 menu.py 中加入『if __name__ == '__main__':』，就能判斷 menu.py 是否由使用者直接執行。

這意味著你能在模組中加入一些測試片段，而它們只有在你直接執行該檔案時才有作用。如此一來，你就不需特地撰寫另一支測試程式來試驗其功能了。

下面是改寫過的 menu.py, 內建了可直接執行的測試功能：

```
In
def menu(**options):
    def menu_selector():
        option_string = '/'.join(options)
        while True:
            choice = input(f'選擇項目 ({option_string}): ')
            if choice in options:
                return options[choice]
                break
            print('選項不存在!')
    return menu_selector

if __name__ == '__main__':
    import operator

    a, b = 10, 3
    my_menu = menu(add=operator.add,     ← 用 operator 模組的數學運算函式
                   sub=operator.sub,          來測試(參閱第 6 章練習 26)
                   mul=operator.mul,
                   div=operator.truediv)
    print(my_menu()(a, b))
```

MEMO

物件與類別

物件導向程式設計 (object-oriented programming) 蔚為流行，甚至可說已經成了主流。它的概念很簡單：與其把函式和函式要運用的資料分開寫在程式裡，不如全部定義在一塊。

若拿人類的語言來形容，傳統的程序式 (procedural) 程式設計就是把名詞（變數）跟動詞（函式）分開寫，讓程式設計師自己去釐清要怎麼搭配。相對的，物件導向程式設計將名詞和動詞寫在一起，使我們能搞懂哪個要配哪個：這種集合體就是一個物件，有自己的型別，包含一些名詞、以及你能對名詞做的事。

在物件中，名詞叫做**屬性 (attributes)**，動詞則稱為**方法 (method)**，兩者都是物件的成員。

物件導向程式設計

下面來用個例子比較程序式和物件導向程式設計。假設我們要根據學生的考試成績算出學期平均分數，程序式的做法是先定義含有一系列整數的 list 變數，再將它傳入計算函式：

```
In
def average(numbers):
    return sum(numbers) / len(numbers)

scores = [85, 95, 98, 87, 80, 92]
print(f'平均分數: {average(scores)}')
```

這方法可行也很可靠，但使用者得記住資料存在哪個變數，又要把它傳入哪個函式。相較之下，物件導向的做法是定義一個新資料型別，同時包含資料和函式，而這些成員比起一般的 list 和函式就會有更明確的關係：

```
In
class ScoreList:  ◀── 定義類別 (class)
    def __init__(self, scores):
        self.scores = scores  ◀── 在此類別的新物件建立屬性

    def average(self):  ◀── 定義 method
        return sum(self.scores) / len(self.scores)

class_score = ScoreList([85, 95, 98, 87, 80, 92])  ◀── 建立新物件
print(f'平均分數: {class_score.average()}')  ◀── 呼叫物件 method
```

從上可以發現，儘管結果完全一樣，用物件來表達和管理卻大不同。物件讓我們能用更高階的抽象層級來思考，創造自己的資料型別來更簡潔地表達概念。這好比你會跟別人說你買了個書架，而不是『用釘子和螺絲組合木板、用於擺放書籍的結構』吧。

　　物件的另一個好處是，我們能在不改變其呼叫介面的情況下改變底下的實作。例如，有些老師會希望捨棄學生的最低分不計，好讓學生更容易過關——那麼我們只需改寫前面類別的 average() method 的實作內容，完全不會影響到其他人建立跟使用物件的方式。

　　不過，物件導向程式設計也並非萬靈丹，它跟史上任何設計典範一樣有缺點。比如，人們常會寫出一個奇大無比、塞滿 method 的物件，等於是直接將程序式功能包裝在物件裡面。另外，許多人會濫用物件階層，把程式切割成過於繁多的小元件，導致測試跟整合上更加棘手。所以儘管類別與物件對程式設計師幫助甚大，請謹記別做過頭了。

 物件導向程式設計的優缺點

在 Python 中運用物件導向有以下好處：

● 把程式碼分割成區別明確的物件，各自負責不同功能。這樣程式不僅更容易規劃和維護，也能把專案分派給多人來共同開發。

● 打造分層的類別，每一層的子類別的內容會繼承 (inheriting) 或沿用、甚至改寫自父類別，減少需要撰寫的程式碼量和開發時間，並強化相似資料類別之間的關係。

● Python 類別用起來就跟內建型別並無兩樣，因此自訂類別用起來感覺會像 Python 語言的自然延伸，而不是強行附加上去的東西。事實上，在 Python 中一切都是物件。

● 儘管 Python 不會將物件內的東西隱藏起來，物件的介面與實作仍是不同的東西——當我使用別人撰寫的物件時，我只在乎其介面（我能呼叫哪些 method, 它們能做什麼事），壓根不必知道底下是怎麼實作的。

此外，Python 的特徵之一就是具備一致性：它的規則適用於整個語言，絕無例外。比如說，第 6 章提過的 LEGB 變數查找和本章稍後將提到的 ICPO 屬性查找規則，就適用於 Python 的所有物件上。

物件的自我 —— self 參數

在類別內定義的函式或 method，第一個參數會寫成 **self**。self 並非 Python 關鍵字，而是沿襲自 Smalltalk 語言的習慣，這種語言的物件系統影響了 Python 的物件設計。

 小編註：事實上 Smalltalk 影響了 Objective-C, C++, Java, Python, Ruby 等語言，可謂現今物件導向程式設計的老祖宗。

很多程式語言的物件會用關鍵字 this 代表自己，但 Python 內沒有這種關鍵字，而是將物件當作 method 的第一個參數傳入。你想要的話，當然也能將第一個參數命名為 this，但慣例上還是會寫成 self。

__init__() 是在做什麼？

在前面示範的程式碼中，建立屬性的部分如下：

```
In
def __init__(self, scores):
    self.scores = scores
```

這使得你在建立物件後就能存取 scores 這個屬性：

```
In
class_score = ScoreList([85, 95, 98, 87, 80, 92])
print(class_score.scores)
            └── 存取屬性
```

```
Out
[85, 95, 98, 87, 80, 92]
```

很多人——特別是從其他語言跳槽到 Python 的人——會把 __init__() 喊成『建構子』(constructor), 暗示此 method 會創造出類別 ScoreList 的新物件。但實際上並非如此。

當我們呼叫 ScoreList(...) 時, Python 會像尋找一般變數名稱一樣依 LEGB 規則找到 ScoreList (指向一個類別的全域變數名稱)。由於 ScoreList 也是**可呼叫的 (callable)**, 因此可加上小括號和傳入參數來呼叫之。

但呼叫 ScoreList() 時, Python 究竟執行了什麼呢?其實是建構子 **__new__**()。你在幾乎所有場合下都不該自行實作 __new__(), 因為 __new__() 負責創造新物件, 我們可不想亂動它。

__new__() 接著會將 ScoreList 類別的新實例物件傳回給呼叫者 (我們則將之指派給變數名稱 scores)。不過在這麼做之前, 它會尋找並呼叫 __init__()。換言之, __init__() 會在物件建立出來、但還沒傳給使用者之前執行。__init__() 也不會使用 return 回傳值, 就算有也會被 __new__() 無視。

因此 __init__() 的主要用途, 是替新物件建立屬性並給予初始值。不同於 C# 和 Java 語言會宣告屬性, Python 是在執行階段時動態地建立屬性。而只要透過傳入 __init__() 的第一個參數 self, 就能很輕鬆做到這一點了。

那麼, 在呼叫過 __init__() 後, 你還能不能給物件新增屬性呢?當然可以, 這完全沒有限制。但習慣上我們仍會在 __init__() 內定義屬性, 好讓程式碼更容易被看懂。

練習 **38** 冰淇淋球

若想實踐物件導向程式設計，第一步就得撰寫類別。每個類別應該代表一種東西以及其行為。你可以把類別想像成工廠，能生產出該型別的物件——例如，『車輛類別』能產生『車輛物件』或車輛類別的**實例 (instance)**。

本題我們要來寫兩個類別：一個代表一球冰淇淋，內含一個屬性代表口味。另一個則是冰淇淋球製造機，擁有一個 method, 能依據多個口味來建立多重冰淇淋球物件。

Question

定義以下兩個類別：

1 Scoop 代表冰淇淋球，其物件會包含一個屬性 flavor。

2 Scoop_Maker 代表冰淇淋製造機，沒有屬性，但有一個 method create()：此函式能接收一個字串 list (各種冰淇淋口味), 並傳回一個由 Scoop 物件構成的 list。

執行結果會像這樣：

```
In
scoop_maker = Scoop_Maker()  ◀── 產生冰淇淋製造機物件
scoops = scoop_maker.create(['巧克力', '香草', '薄荷'])
for scoop in scoops:          └── 產生包含冰淇淋球物件的 list
    print(scoop.flavor)
        └──────── 走訪冰淇淋球物件並印出其屬性值
```

```
Out
巧克力
香草
薄荷
```

參考解答

■ Python Tutor 連結: https://www.flag.com.tw/Redirect/F1750/38

`In`

```python
class Scoop:
    def __init__(self, flavor):
        self.flavor = flavor

class Scoop_Maker:
    def create(self, flavors):
        return [Scoop(flavor) for flavor in flavors]

scoop_maker = Scoop_Maker()
scoops = scoop_maker.create(['巧克力', '香草', '薄荷'])

for scoop in scoops:
    print(scoop, scoop.flavor)
```

 ## Python 如何尋找物件屬性和 method 名稱？

我們在第 6 章曾提過 Python 會使用所謂的 LEBG 規則搜尋變數——而當 Python 查詢物件的屬性或 method 名稱時，則會依循另一套規則，我個人稱之為 **ICPO**：

1. instance (實例物件)
2. class (類別)
3. parents (父類別)
4. object 類別 (Python 內所有物件繼承的對象)

舉例來說，當我們呼叫 scoop.flavor 時，Python 會在 scoop 物件內找到 flavor 名稱。但在呼叫 scoop_maker.create() method 時，Python 在 scoop_maker 物件內找不到『create』這個名稱，就會往上於 Scoop_Maker 類別尋找，並發現該類別內確實有定義這個函式 (因為 create() 函式是被定義在類別層級中)。

ICPO 和 LEBG 一樣，在找到第一個符合的名稱後就會停止。如果在實例物件或類別還是找不到，Python 會試圖繼續往上找，最後來到 **object** 類別——我們在 Python 中撰寫的所有類別，都會自動繼承此類別。

在我的課堂上，有些學生之前已經學過物件導向，他們常會一口咬定其最重要的技巧是繼承。繼承的確很重要 (我們在後面會看到)，但更重要的技巧是**組合 (composition)**，也就是把物件包在其他物件中。

在 Python 中，物件組合稱不上是什麼技巧，畢竟 Python 裡所有東西都是物件，你能直接把物件指派給屬性。不過這仍是很重要的手段，讓我們能用較小的物件創造出更大的物件，比如拿引擎、變速箱、輪子、輪胎等物件組合出車子。

以下我們就來做個簡單的物件組合，用前面的冰淇淋球物件創造『一碗冰淇淋』。

Question

沿用前面的 Scoop 類別，並撰寫一個 Bowl 類別。此類別中包括：

1 scoops 屬性 (一個 list)，用來收集 Scoop 的實例物件。

2 add_scoop() method，可傳入數量不定的 Scoop 物件，將之放進 scoops 內。

3 show_content() method，用字串傳回 scoops 中所有 Scoop 物件的 flavor 屬性。

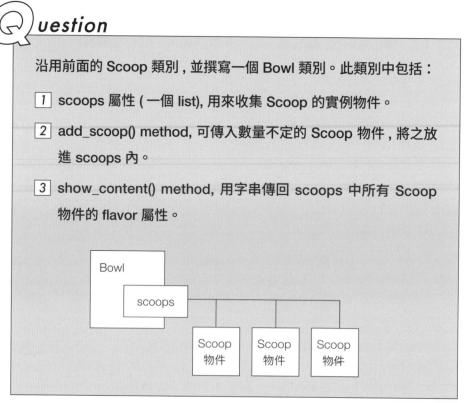

NEXT

其操作過程會像這樣：

```
In
bowl = Bowl()
bowl.add_scoop(Scoop('巧克力'))
bowl.add_scoop(Scoop('香草'), Scoop('薄荷'))

print(bowl.flavors())
```
```
Out
巧克力/香草/薄荷
```

參 考 解 答

■ Python Tutor 連結: https://www.flag.com.tw/Redirect/F1750/39

```
In
class Scoop():
    def __init__(self, flavor):
        self.flavor = flavor

class Bowl():
    def __init__(self):
        self.scoops = []   ◀── 建立屬性, 初始值為空 list

                               ── 接收數量不定的 Scoop 物件
    def add_scoop(self, *new_scoops):
        for new_scoop in new_scoops:
            self.scoops.append(new_scoop)  ◀── 將 Scoop 物件加入 Bowl
                                               的 scoops 屬性

    def flavors(self):
```

NEXT

```
                                                 ┌─── 用斜線為分隔字元, 把所有 Scoop
                                    ↓                   物件的口味連成單一字串
        return '/'.join(scoop.flavor
                        for scoop in self.scoops)

bowl = Bowl()
bowl.add_scoop(Scoop('巧克力'))
bowl.add_scoop(Scoop('香草'), Scoop('薄荷'))

print(bowl.flavors())
```

延伸技巧

☑ 實作 __str__() 或 __repr__() 來印出物件內容

與其在類別內撰寫一個 method 來傳回物件內容, 你可以定義 **__str__()** 或 **__repr__()** (或者兩個都寫), 這樣一來你就能直接『印出』物件:

```
In
print(bowl)
```

和 __init__() 一樣, 這兩個 method 是 Python 定義好的特殊 method。它們理論上的用途如下:

● __str__() 一般用來傳回代表物件的『非正式』字串, 給一般使用者參考。

● __repr__() 一般用來傳回代表物件的『正式』字串, 給程式設計師除錯用、並應盡可能符合 Python 語法 (最好是可以複製後, 當成程式碼來建立相同的物件)。

當使用者用 str()、print() 或字串格式化功能印出物件時, 它們就會呼叫物件的 __str__()。若將物件傳入 repr() 來呼叫, 則等於呼叫物件的 __repr__()。

下面來替 Bowl 類別定義 __str__() method, 取代原有的 content()：

```
In
class Scoop:
    def __init__(self, flavor):
        self.flavor = flavor

class Bowl:
    def __init__(self):
        self.scoops = []

    def add_scoop(self, *new_scoops):
        for new_scoop in new_scoops:
            self.scoops.append(new_scoop)

    def __str__(self):
        flavors = '/'.join(scoop.flavor for scoop in self.scoops)
        return f'冰淇淋碗口味: {flavors}'        ← 呼叫 __str__()

bowl = Bowl()
bowl.add_scoop(Scoop('巧克力'))
bowl.add_scoop(Scoop('香草'), Scoop('薄荷'))

print(bowl)   ←── 直接印出 bowl 物件
```
```
Out
冰淇淋碗口味: 巧克力/香草/薄荷
```

接著來試試給 Scoop 與 Bowl 類別都加入 __repr__(), 但是不寫 __str__():

```
In
class Scoop:
    def __init__(self, flavor):
        self.flavor = flavor

    def __repr__(self):
        return f'Scoop({self.flavor})'

class Bowl:
    def __init__(self):
        self.scoops = []

    def add_scoop(self, *new_scoops):
        for new_scoop in new_scoops:
            self.scoops.append(new_scoop)

    def __repr__(self):
        return f'Bowl(scoops={self.scoops})'

bowl = Bowl()
bowl.add_scoop(Scoop('巧克力'))
bowl.add_scoop(Scoop('香草'), Scoop('薄荷'))

print(bowl)
```

```
Out
Bowl(scoops=[Scoop(巧克力), Scoop(香草), Scoop(薄荷)])
```

　　為什麼只定義 __repr__() 也能印出內容呢？這是因為若 Python 找不到 __str__() 時，就會改而呼叫 __repr__()。這意味著你實務上只要實作 __repr__() 就能應付兩種印出物件的場合。因此，本章以下的練習題都只會實作 __repr__()。

 小編註：當然，這裡 bowl 物件透過 __repr__() 印出的字串沒辦法重現真正合法的 Python 語法。不過，至少這能讓程式設計師更容易了解物件內容。

 類別屬性：冰淇淋碗上限

現在，我們想讓所有的冰淇淋碗最多只能裝 3 球冰淇淋，免得生意被客人吃垮。但要怎麼將這種限制套用到所有冰淇淋碗物件呢？

Question

在 Bowl 類別增加一個屬性 max_scoops，並在 add_scoop()
method 中檢查冰淇淋球的數量，滿 3 球後就不再增加：

```
In
bowl = Bowl()
          加入 5 球
bowl.add_scoop(Scoop('巧克力'))
bowl.add_scoop(Scoop('香草'), Scoop('薄荷'))
bowl.add_scoop(Scoop('焦糖'), Scoop('抹茶'))

print(bowl)
```

```
Out
Bowl(scoops=[Scoop(巧克力), Scoop(香草), Scoop(薄荷)]
                                                只有加入 3 球
```

解題思考

☑ 加入類別屬性

若要在類別中加入 max_scoops 屬性，你直覺上會用以下方式來寫：

```
In
class Bowl:
    def __init__(self):
        self.scoops = []
        self.max_scoop = 3
...
```

但這麼做是在 Bowl 的所有實例物件各別新增一個屬性，暗示了每個冰淇淋碗做出來時會有各自的容量限制。反而，我們將屬性定義在類別本身：

```
In
class Bowl:
    max_scoops = 3  ◄──── 類別屬性 (定義於類別層級, 在 __init__() 之外)

    def __init__(self):
        self.scoops = []  ◄──── 物件屬性
...
```

如果你學過 Java 或 C++ 語言，你會覺得 Python 類別屬性看起來很像靜態變數 (static variables)。但在 Python 中，類別屬性就只是物件屬性的一種特例 (畢竟類別本身也是物件)；前面提過的 ICPO 規則一樣能找到它。

因此，當我們呼叫 bowl.max_scoops 時，Python 會在 Bowl 類別層級找到這個名稱。或者你能直接透過 Bowl 類別尋找它：

```
In
bowl = Bowl()
print(bowl.max_scoops)  ←— 從物件存取
print(Bowl.max_scoops)  ←— 從類別存取
```

```
Out
3
3
```

對各個冰淇淋碗物件而言，這意味著什麼？這表示不管你從物件或類別查詢 max_scoops 屬性，一定都會在 Bowl 類別找到。換言之，這就等於所有 Bowl 物件『共用』了這個屬性。

因此，儘管 Python 沒有常數可用，我們仍可以用類別屬性來模擬之。

參考解答

■ Python Tutor 連結: https://www.flag.com.tw/Redirect/F1750/40

```
In
class Scoop:
    def __init__(self, flavor):
        self.flavor = flavor

    def __repr__(self):
        return f'Scoop({self.flavor})'

class Bowl:
    max_scoops = 3

    def __init__(self):
        self.scoops = []
    def add_scoop(self, *new_scoops):
        for new_scoop in new_scoops:
```

NEXT

```
                ┌── 如果還有至少 1 格空位就加入冰淇淋球, 否則略過
            if len(self.scoops) < self.max_scoops:
                self.scoops.append(new_scoop)

        def __repr__(self):
            return f'Bowl(scoops={self.scoops}'


bowl = Bowl()
bowl.add_scoop(Scoop('巧克力'))
bowl.add_scoop(Scoop('香草'), Scoop('薄荷'))
bowl.add_scoop(Scoop('焦糖'), Scoop('抹茶'))  ◀── 如前面展示過的, 這
                                                   兩個物件不會加入

print(bowl)
```

特大碗冰淇淋

　　雖然前一題成功限制了冰淇淋碗的容量, 但偶爾仍會遇到欲求不滿的客人。
為了滿足這些客群, 我們需要設計出一款容量更大的碗。

uestion

用繼承的方式撰寫 Bowl 的子類別 ExtraBowl, 並改變此類別的
max_scoops 屬性, 使得透過 ExtraBowl 產生的所有物件都可裝 5
球冰淇淋:

NEXT

```
In
bowl = ExtraBowl()
bowl.add_scoop(Scoop('巧克力'))
bowl.add_scoop(Scoop('香草'), Scoop('薄荷'))
bowl.add_scoop(Scoop('焦糖'), Scoop('抹茶'))


print(bowl)
```
```
Out
Bowl(scoops=[Scoop(巧克力), Scoop(香草), Scoop(薄荷), Scoop(焦糖),
Scoop(抹茶)]
```

解題思考

☑ 物件繼承

現在我們要講到繼承了,這是物件導向的重要概念之一。

如果我們要建立一些大同小異的物件,可以先將它們的共通性包裝成父類別,再從它繼承出子類別。例如,我們可以先寫一個『人』類別,再繼承出『職員』、『學生』等類別。子類別會承襲父類別的一切內容,但我們可以視需要補充或修改。

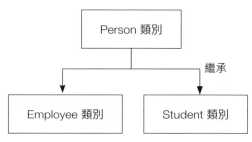

來看下面這個例子：

```
In
class Person:
    def __init__(self, name):
        self.name = name

    def greet(self):
        return f'你好，我是{self.name}'

class Employee(Person):  ◄── Employee 類別繼承自 Person
    pass


employee = Employee('職員某甲')
print(employee.greet())
```
```
Out
你好，我是職員某甲
```

上面為簡化起見，Employee 類別在繼承 Person 類別後並沒有加入或改變任何內容。

可以發現，當 Employee 的物件呼叫 greet() 時，Python 會依據 ICPO 規則在 Person 類別找到 greet 這個名稱——意即 Employee 從 Person 繼承了同樣的函式。當然，若你在 Employee 類別內重新定義 greet()，就會『覆蓋』(override) 掉父類別的同名 method。

在後面的練習題中，我們會進一步討論繼承的各種技巧。

參 考 解 答

■ Python Tutor 連結: https://www.flag.com.tw/Redirect/F1750/41

```
In
class Scoop:
    def __init__(self, flavor):
        self.flavor = flavor

    def __repr__(self):
        return f'Scoop({self.flavor})'

class Bowl:
    max_scoops = 3

    def __init__(self):
        self.scoops = []

    def add_scoop(self, *new_scoops):
        for new_scoop in new_scoops:
            if len(self.scoops) < self.max_scoops:
                self.scoops.append(new_scoop)

    def __repr__(self):
        return f'Bowl(scoops={self.scoops}'
                            ┌── 繼承自 Bowl 類別
                            ▼
class ExtraBowl(Bowl):
    max_scoops = 5  ◄── 用新的類別屬性蓋掉父類別的屬性


bowl = ExtraBowl()
bowl.add_scoop(Scoop('巧克力'))
bowl.add_scoop(Scoop('香草'), Scoop('薄荷'))
bowl.add_scoop(Scoop('焦糖'), Scoop('抹茶'))◄──
                        這回這兩個 Scoop 物件就會加入到 Bowl

print(bowl)
```

在執行階段重新定義屬性的影響

你也許會想，如果直接在物件中改變類別屬性的值，不是會更簡單嗎？比如像下面這樣：

```
In
class Bowl():
    def __init__(self):
        self.scoops = []
        self.max_scoops = 5
...
```

這會發生什麼事呢？這等於是你替當下的實例物件建立了它自己的 max_scoops 屬性。因此，從現在起 Python 在這個物件中會先找到物件屬性 max_scoops，而不是類別屬性 max_scoops。也就是說，你在這個物件中用物件屬性覆蓋掉了類別屬性。但對其他 Bowl 物件而言，它們存取的仍然是類別屬性。這就好比你讓其中一個碗變大了，但其餘的碗仍然不變。

為了避免這種覆蓋現象，使用繼承建立新類別、使之擁有獨立的類別屬性，會是更適當的做法。

 **以字串為鍵的自訂 dict**

類別繼承有很多好處，其中之一是能給現有的類別加入新功能。我們在之前已經看過 Python 的 defaultdict 和 Counter 類別，它們都是繼承自標準 dict 型別 (類別)。

在本題中，我們要來設計一個新的 dict，它一律會用字串型別的鍵儲存和查詢值，而你不管用數值或字串形式的鍵都找得到資料。

uestion

寫一個 StrDict 類別, 繼承自 Python 的內建 dict 類別, 並改寫後者的兩個 method:

- 在執行『dict[鍵] = 值』時會呼叫的 __setitem__()
- 在存取『dict[鍵]』時會呼叫的 __getitem__()

 小編註:對於這類前後有雙底線的特殊 method, 你可在官方文件找到更多細節:https://docs.python.org/3/reference/datamodel.html

如果存取某個鍵時找不到, 就轉成字串將它加入, 並指定其值為 None。

In

```
sd = StrDict()
sd[1] = 1
sd[3.14] = 3.14
sd['10'] = 'test'

print(sd[1])
print(sd['3.14'])  ◀── 不管用數值或字串都能查到一樣的值
print(sd[10])
print(sd['a'])  ◀── 沒有這個鍵, 自動加入之並指定值為 None

print(sd)
```

Out

```
1
3.14
test                        自動加入的鍵
None                              │
                                  ▼
{'1': 1, '3.14': 3.14, '10': 'test', 'a': None}  ◀── 所有鍵都是字串
```

 請謹記, 本題的目的是讓你練習 Python 技巧, 但一般在 Python 程式應力求明確。上面這種可以用不同型別鍵來查值的作為, 反而容易引發問題, 比如令使用者混淆不同型別的資料。

參考解答

■ Python Tutor 連結: https://www.flag.com.tw/Redirect/F1750/42

```
In
class StrDict(dict):
        ┌── 用字串形式的鍵呼叫 dict 類別的 __setitem__()
        ▼
    def __setitem__(self, key, value):
        dict.__setitem__(self, str(key), value)


        ┌── 用字串形式的鍵呼叫 dict 類別的 __getitem__()
        ▼
    def __getitem__(self, key):
        if not str(key) in self:
            self[key] = None  ◄── 預設值為 None
        return dict.__getitem__(self, str(key))


sd = StrDict()
sd[1] = 1
sd[3.14] = 3.14
sd['10'] = 'test'

print(sd[1])
print(sd['3.14'])
print(sd[10])
print(sd['a'])
print(sd)
```

練習 **43 動物類別**

在本章最後的三題練習中，我們要來創造一群類別，好探索物件導向程式設計的各種面向——類別、屬性、method、包裝以及繼承。這些東西分開學習跟練習是一回事，但當你將它們整合起來，就能看出它們在整理程式碼跟簡化語法上具有多大的威力。

現在，假設你是一座動物園的 IT 主管，得用程式記錄園內的動物。你首先得
做的是替每一種動物建立類別。

uestion

替不同動物建立類別 (這些類別——例如 Zebra (斑馬) 類別——
都繼承自 Animal 類別)。Animal 類別給予物件的屬性如下：

- species (種族)
- color (顏色)
- leg_num (有幾隻腳)

其中 species 的內容就是其類別名稱。例如，Zebra 類別的物件的
species 屬性值就是 'Zebra'。

`In`
```
elephant = Elephant('灰')   ◀── 注意這裡只設定動物顏色
zebra = Zebra('黑白')◀── 腳的數量會在各類別中自行設定
snake = Snake('綠')
parrot = Parrot('灰')

print(elephant)
print(zebra)
print(snake)
print(parrot)
```

`Out`
```
Elephant(color='灰', leg_num=4)   ◀── 透過 __repr__() 印出類似
Zebra(color='黑白', leg_num=4)         Python 語法的結果
Snake(color='綠', leg_num=0)
Parrot(color='灰', leg_num=2)
```

解題思考

☑ 取得類別名稱

你能透過物件的 __class__.__name__ 取得類別名稱 (字串)：

```
In
zebra = Zebra('黑白')
print(zebra.__class__.__name__)
```
```
Out
Zebra
```

☑ 沿用父類別 __init__() 來建立的物件屬性

在本題中，各動物類別繼承 Animal 類別後，由於也繼承了 Animal 的 __init__()，所以會得到一樣的屬性。然而，我們希望各動物類別可以自行設定腳的數量，使用者在建立新物件時只要給顏色就好。這意味著我們得改寫各動物類別的 __init__()。

為了避免重新定義 __init__() 時，還得把父類別的屬性也重新建立一次，你其實可以先**呼叫父類別的 __init__()**。你可在物件中用 Python 內建函式 super() 取得父類別，再呼叫其 __init__()：

```
In
class Zebra(Animal):
    def __init__(self, color):
        super().__init__(color, 4)   ◀── 呼叫父類別 Animal 的 __init__()
```

參考解答

■ Python Tutor 連結: https://www.flag.com.tw/Redirect/F1750/43

```
In
class Animal:
    def __init__(self, color, leg_num):
        self.species = self.__class__.__name__
        self.color = color
        self.leg_num = leg_num

    def __repr__(self):
        return f'{self.species}(color={self.color!r}, leg_num={self.leg_num})'

class Elephant(Animal):
    def __init__(self, color):
        super().__init__(color, 4)

class Zebra(Animal):
    def __init__(self, color):
        super().__init__(color, 4)

class Snake(Animal):
    def __init__(self, color):
        super().__init__(color, 0)

class Parrot(Animal):
    def __init__(self, color):
        super().__init__(color, 2)

elephant = Elephant('灰')
zebra = Zebra('黑白')
snake = Snake('綠')
parrot = Parrot('灰')

print(elephant)
print(zebra)
print(snake)
print(parrot)
```

!r 代表對這些值呼叫 repr(), 這樣若值
是字串, 印出時就會加上單引號

延伸技巧

☑ 使用 dataclass 簡化類別定義

　　覺得上面的程式要寫一堆 __init__() 很煩嗎？許多人也有同感。自 Python 3.7 起，你可以用 **@dataclass** 裝飾器來簡化定義類別的手續。

 小編註：**裝飾器 (decorator)** 是一個以 @ 開頭的名稱，加在函式或物件前面，以便在不改變目標函式或物件的情況下加入新功能。但這本書不會討論裝飾器的設計及運作原理。有興趣者可參閱旗標出版社的《**Python 神乎其技 全新超譯版**》。

　　舉個例，來看下面的類別定義：

```
In
class Foo:
    def __init__(self, a, b):
        self.a = a
        self.b = b

    def __repr__(self):
        return (f'{self.__class__.__name__}(a={self.a!r}, b={self.b!r})')

foo = Foo('Test', 42)
print(foo)
```
```
Out
Foo(a='Test', b=42)
```

　　若改用 @dataclass 裝飾器來定義類別，程式碼會縮短許多，印出的結果卻完全相同：

```
In
from dataclasses import dataclass

@dataclass
class Foo:
    a: str  ◀── 屬性以及其型別提示
    b: int

foo = Foo('Test', 42)
print(foo)
```

```
Out
Foo(a='Test', b=42)
```

加上 @dataclass 的類別會自動實作 __init__() 和 __repr__(), 效果跟前面我們自己實作的內容一樣。可想而知, 這大大減少了你需要撰寫的程式碼。

下面是本練習用 dataclass 改寫的結果:

```
In
from dataclasses import dataclass

@dataclass
class Animal:
    color: str
    leg_num: int

    def __post_init__(self):  ◀── 見下重點 1
        self.species = self.__class__.__name__

@dataclass
class Elephant(Animal):
    leg_num: int = 4  ◀── 見下重點 2
```

NEXT

```
@dataclass
class Zebra(Animal):
    leg_num: int = 4


@dataclass
class Snake(Animal):
    leg_num: int = 0


@dataclass
class Parrot(Animal):
    leg_num: int = 2
```

- **重點 1**：既然 @dataclass 會將你定義的屬性全部放進 __init__() 當成參數，我們希望稍後才另外設定 species 屬性。因此，上面改成在 **__post_init__()** (它會接在 __init__() 之後執行) 才加入 species 變數，並指定類別名稱字串給它。

- **重點 2**：對於子物件 (同樣必須加上 @dataclass 裝飾器，以便自動產生相關 method)，我們對 leg_num 屬性指定了預設值，好讓子類別呼叫 __init__() 時可以跳過這個屬性。

- 以 Zebra 類別為例，這就等於以下的寫法：

`In`
```
class Zebra(Animal):
    def __init__(self, color, leg_num=4):
        super().__init__(color, leg_num)
```

 練習 **44** 動物展示區類別

 uestion

由於動物園預算有限，只得把部分動物擺在同一個展示區中。請撰寫 Exhibit 類別，建立物件來代表不同展示區，放入數個動物物件後印出其資訊。

這次我們也會修改各類別的 __repr__() method，讓印出的資訊更易讀：

```
In
ex1 = Exhibit(1)
ex2 = Exhibit(2)

ex1.add_animals(Elephant('灰'), Zebra('黑白'))    ◄── 在展示區
                                                      新增動物
ex2.add_animals(Snake('綠'), Parrot('灰'))

print(ex1)    ◄── 印出展示區內的動物
print(ex2)
```

```
Out
展示區編號 1: 灰色 Elephant (4 條腿), 黑白色 Zebra (4 條腿)
展示區編號 2: 綠色 Snake (0 條腿), 灰色 Parrot (2 條腿)
```

參考解答

■ Python Tutor 連結: https://www.flag.com.tw/Redirect/F1750/44

```python
class Animal():
    def __init__(self, color, leg_num):
        self.species = self.__class__.__name__
        self.color = color
        self.leg_num = leg_num

    def __repr__(self):
        return f'{self.color}色 {self.species} ({self.leg_num} 條腿)'
```

#... **(Elephant, Zebra, Snake, Parrot 類別定義與前一題相同)**

```python
class Exhibit():
    def __init__(self, id_num):
        self.id_num = id_num
        self.animals = []    ◀── 記錄展示區內各隻動物的屬性

    def add_animals(self, *new_animals):
        for animal in new_animals:
            self.animals.append(animal)

    def __repr__(self):
        return f'展示區編號 {self.id_num}: ' + \
               f'{", ".join([str(animal) for animal in self.animals])}'
                  ▲── 將動物資訊以單一字串形式印出 (以逗號分隔)
ex1 = Exhibit(1)
ex2 = Exhibit(2)

ex1.add_animals(Elephant('灰'), Zebra('黑白'))
ex2.add_animals(Snake('綠'), Parrot('灰'))

print(ex1)
print(ex2)
```

 動物園類別

最後, 你得撰寫一個 Zoo 類別, 以其物件代表整個動物園。印出它時就會顯示當中的所有動物展示區 (後者則會印出其中的動物):

```
In
zoo = Zoo()
ex1 = Exhibit(1)
ex2 = Exhibit(2)

ex1.add_animals(Elephant('灰'), Zebra('黑白'))
ex2.add_animals(Snake('綠'), Parrot('灰'))
zoo.add_exhibits(ex1, ex2)  ←—— 把園區加入動物園

print(zoo)
```
```
Out
動物園:
展示區編號 1: 灰色 Elephant (4 條腿), 黑白色 Zebra (4 條腿)
展示區編號 2: 綠色 Snake (0 條腿), 灰色 Parrot (2 條腿)
```

除此之外, 為了方便統計動物資訊, Zoo 物件也會有幾個 method, 能尋找符合特定顏色或腳數量的動物、以及算出所有動物的腳總數:

NEXT

```
In
print('灰色動物:', zoo.animals_by_color('灰'))
print('4 條腿動物:', zoo.animal_by_leg_num(4))
print('腿的總數:', zoo.animal_total_leg_num())
```

```
Out
灰色動物: [灰色 Elephant (4 條腿), 灰色 Parrot (2 條腿)]
4 條腿動物: [灰色 Elephant (4 條腿), 黑白色 Zebra (4 條腿)]
腿的總數: 10
```

參考解答

■ Python Tutor 連結: https://www.flag.com.tw/Redirect/F1750/45

```
In
#...(Animal, Elephant, Zebra, Snake, Parrot, Exhibit 類別定義與前一題相同)

class Zoo():
    def __init__(self):
        self.exhibits = []←── 記錄動物園內各個展示區的屬性

    def add_exhibits(self, *new_exhibits):
        for exhibit in new_exhibits:
            self.exhibits.append(exhibit)

    def __repr__(self):
        return '動物園:\n' + \
                '\n'.join([str(exhibit)
                            for exhibit in self.exhibits])

    def animals_by_color(self, color):←── 走訪園內所有展示區的所有動物,
        return [animal                      印出顏色相符者
```

NEXT

```
                    for exhibit in self.exhibits
                    for animal in exhibit.animals
                    if animal.color == color]

    def animal_by_leg_num(self, leg_num): ◄──── 走訪園內所有展示區的所有動物,
        return [animal                            印出腳的數量相符者
                    for exhibit in self.exhibits
                    for animal in exhibit.animals
                    if animal.leg_num == leg_num]


    def animal_total_leg_num(self): ◄──── 走訪園內所有展示區的所有動物,
        return sum([animal.leg_num             統計腳的總數
                    for exhibit in self.exhibits
                    for animal in exhibit.animals])


zoo = Zoo()
ex1 = Exhibit(1)
ex2 = Exhibit(2)

ex1.add_animals(Elephant('灰'), Zebra('黑白'))
ex2.add_animals(Snake('綠'), Parrot('灰'))
zoo.add_exhibits(ex1, ex2)

print(zoo)
print('灰色動物:', zoo.animals_by_color('灰'))
print('4 條腿動物:', zoo.animal_by_leg_num(4))
print('腿的總數:', zoo.animal_total_leg_num())
```

MEMO

10

走訪器與產生器

你有沒有想過，為什麼 Python 的 for 迴圈能正確地走訪很多容器，該停止的時候就停呢？這現象絕非巧合。**走訪 (iteration)** 很有用且很常見，Python 又將走訪弄得很容易使用。如果你想讓一個東西能被走訪，只要替它實作人稱『**走訪器協定**』(the iterator protocol) 的行為就好了。

本章我們就要來探討這個協定，以及如何用它來創造自己的可走訪物件。我們會透過以下三種方式講解：

1. 直接用 Python 類別手動實作走訪器協定。

2. 撰寫**產生器 (generators)**，寫法看起來很像函式 (因此也稱為『產生器函式』)，它自身會實作走訪器協定。

3. 用**產生器運算式 (generator expressions)** 來傳回產生器，這看起來有點像 list 生成式。

▌走訪器協定

在開始實作之前，我們先來看一下什麼是走訪器協定。它由以下三部分組成：

● 來源物件的 **__iter__()** method, 會回傳一個**走訪器 (iterator)** 物件。

● 走訪器物件的 **__next__()** method, 每次呼叫會回傳一個值。

● 走訪器走訪完畢或是需要停止時，必須引發 **StopIteration** 例外。

這個來源物件即為**可走訪 (iterable)** 物件。當 for 迴圈準備走訪一個物件時，它會試著呼叫該物件的 __iter__() 並取回一個走訪器，接著 for 每次重複時會呼叫一次該走訪器的 __next__() 來取得一個值。等到所有值都取完後，走訪器會拋出 StopIteration 例外，讓 for 知道該停止執行了。這種機制能夠解釋，為什麼 Python 的 for 不像 C 語言一樣需要索引變數，而且不管是 list、tuple、dict、字串 (以及第 5 章提過的檔案物件) 都能走訪。

我們來做個簡單實驗，看看 list 的走訪器協定如何運作：

```
In
n = [1, 2, 3, 4, 5]

iterator = n.__iter__()        ◀── 取得走訪器

print(iterator.__next__())  ◀── 從走訪器取一個值
print(iterator.__next__())
print(iterator.__next__())
print(iterator.__next__())
print(iterator.__next__())
print(iterator.__next__())
```

```
Out
1
2
3
4
5
Traceback (most recent call last):
  File "C:\Test.py", line 10, in <module>
    print(iterator.__next__())
StopIteration  ◀── 最後無值可取, list 引發了 StopIteration 例外
```

附帶一提，對物件呼叫 iter() 與 next(), 等同於呼叫它們的 __iter__() 和 __next__()：

```
In
iterator = iter(n)

print(next(iterator))
print(next(iterator))
print(next(iterator))
...
```

練習 **46** 自訂 enumerate 容器

之前我們看過，enumerate() 會傳回原容器每個元素的索引與值：

```
In
for index, letter in enumerate('abcde'):
    print(f'{index} -> {letter}')
```

```
Out
0 -> a
1 -> b
2 -> c
3 -> d
4 -> e
```

現在我們要自己撰寫一個類別，並實作前面提到的走訪器協定，使它能夠做到和 enumerate() 一模一樣的效果。

Question

撰寫一個 MyEnumerate 類別，使其物件的走訪效果與 enumerate() 相同。目前假設 MyEnumerate 物件只接收 list, tuple 或字串為資料。

參考解答

■ Python Tutor 連結: https://www.flag.com.tw/Redirect/F1750/46

`In`

```python
class MyEnumerate:
    def __init__(self, data):   ◀──  初始化時寫入資料並記錄元素索引
        self.data = data
        self.index = 0

    def __iter__(self):
        return self   ◀──  傳回物件自身當作走訪器

    def __next__(self):
        if self.index >= len(self.data):   ─┐  如果索引已經超過資料長度,
            raise StopIteration            ─┴◀── 引發 StopIteration 例外
        value = (self.index, self.data[self.index])  ◀── 用 tuple 傳回 (索引, 值)
        self.index += 1
        return value

myEnum = MyEnumerate('abcde')
for index, letter in myEnum:
    print(f'{index} -> {letter}')
```

💡 可走訪物件與走訪器類別的分離

『可走訪物件』和『走訪器』概念上是不同的東西。前者的意思是此物件可以被迴圈走訪，而它傳給迴圈的物件叫做走訪器。

在上面的程式中，我們為了方便而將它們實作在同一個類別內 (__iter__() 會回傳自身物件)；不過，當你需要實作更複雜的可走訪物件時，將走訪器分開寫成獨立的類別，而不是直接在可走訪物件中實作 __next__()，會是更好的主意。

比如，若你在上面的程式執行過後，嘗試第二次走訪 myEnum 物件，會發生什麼事？如果用 for 迴圈，那麼看似什麼也沒發生。而若你嘗試對 myEnum 呼叫 __next__()，就會直接引發 StopIteration，因為它的值已經走訪完了！

這正是為何像是 Python 內建的 list, tuple, dict 等容器，傳回的走訪器其實是出自另一個類別。這麼一來，你每次走訪它們時都能得到新的走訪器，不必再重設一次內容：

`In`

```
n = [1, 2, 3, 4, 5]
print(type(iter(n)))    ◄── 傳回 list 的走訪器

d = {'a': 1, 'b': 2, 'c': 3}
print(type(iter(d.items())))    ◄── 傳回 dist_items 的走訪器

s = 'test'
print(type(iter(s)))    ◄── 傳回字串的走訪器
```

`Out`

```
<class 'list_iterator'>
<class 'dict_itemiterator'>
<class 'str_iterator'>
```

練習 **47** 循環取值器

接下來我們來寫一個類別，其物件能從一個字串或 list 中取值 N 次（依次取出索引 0、1、2 的元素 ... 如果已經取到結尾，就從頭繼續取）。這裡我們也要將可走訪物件和其走訪器類別分開，以便重複使用同一個物件。

uestion

撰寫兩個類別，Cycle 會產生可走訪物件，該物件會傳回 CycleIterator 類別的走訪器物件。使用效果如下：

```
In
clist = CycleList(['a', 'b', 'c'], 5)
for c in clist:
    print(c)
```
```
Out
a
b
c
a
b
```

你可以再次試著走訪 clist，會發現仍然能取得同樣的結果，不會產生錯誤。

參考解答

■ Python Tutor 連結: https://www.flag.com.tw/Redirect/F1750/47

```
class CycleIterator():    ◀── 走訪器物件類別
    def __init__(self, data, max_times):
        self.data = data
        self.max_times = max_times
        self.index = 0

    def __next__(self):
        if self.index >= self.max_times:
            raise StopIteration

        value = self.data[self.index % len(self.data)]
        self.index += 1
        return value

class CycleList():    ◀── 可走訪物件類別
    def __init__(self, data, max_times):
        self.data = data
        self.max_times = max_times

    def __iter__(self):
        return CycleIterator(self.data, self.max_times)
            ◀── 傳回新的走訪器

clist = CycleList(['a', 'b', 'c'], 5)
for c in clist:
    print(c)
```

在走訪時傳回值, 用 % 算符取餘數,
這樣max_times 超過資料容器長度
時就等於會從頭算起

 小編註:如前所述, 若你在同一個程式中再次走訪 clist (呼叫其 __iter__()), 它會傳回新的
CycleIterator 走訪器, 因此走訪不會產生問題。

延伸技巧

☑ 用 dataclass 改寫

第 9 章練習 43 提過可以用 dataclass 來簡化類別撰寫作業。下面便是本練習用 dataclass 改寫的結果，如此一來就不再需要實作 __init__()：

```
In
from dataclasses import dataclass

@dataclass
class CycleIterator:
    data: list
    max_times: int

    def __post_init__(self):
        self.index = 0

    def __next__(self):
        if self.index >= self.max_times:
            raise StopIteration
        value = self.data[self.index % len(self.data)]
        self.index += 1
        return value

@dataclass
class CycleList:
    data: list
    max_times: int

    def __iter__(self):
        return CycleIterator(self.data, self.max_times)

clist = CycleList(['a', 'b', 'c'], 5)
for c in clist:
    print(c)
```

由於屬性 index 不須透過 __init__() 初始化, 故用 __post_init__() 來建立之 (參閱 9-6 練習 43)

現在，我們要來看看如何用『產生器函式』來得到走訪器。如果你的走訪器會做的事不多，用產生器函式來寫就會簡潔許多。

uestion

寫一個產生器函式 word_generator()：

1 接收兩個參數，文字檔的路徑，以及想走訪的單字字數上限，並傳回一個產生器物件。

2 產生器被走訪時，一次傳回文字檔中的一個單字，直到達到單字字數上限為止。

我們會使用在前面其他章節用過的 text2.txt 範例：

```
In
Beautiful is better than ugly.
Explicit is better than implicit.
Simple is better than complex.
Complex is better than complicated.
Flat is better than nested.
Sparse is better than dense.
Readability counts.
```

NEXT

```
In
ten_words = word_generator(r'C:\路徑\test2.txt', 10)
                └────── 傳回能從檔案中走訪 10 個單字的產生器
for word.replace('. ', '') in ten_words:
    print(word)
```

得到的結果為

```
Out
Beautiful
is
better
than
ugly
Explicit
is
better
than
implicit ◄──── 1. 走訪完 10 個單字就結束
```

解 題 思 考

☑ 產生器函式與 yield

　　產生器函式和一般函式一樣用 def 定義。差別在於,產生器函式會使用 **yield** 回傳值。

　　yield 和 return 差在哪裡呢?這兩個都能用來傳回值,但 yield 並不會像 return 一樣結束函式、並把控制權還給呼叫者。使用 yield 傳值的函式,會繼續保留在記憶體中,下次被呼叫時就會從上次執行 yield 的地方繼續,直到走訪真正結束為止。

用 yield 回傳值的函式，會先傳回一個**產生器**物件 (你不需要對它呼叫 iter())：產生器和前面的走訪器很像，可透過 __next__() method 取值，並會在函式真正結束時自動引發 StopIteration 例外：

```
In
def generator_func(data):  ◀── 產生器函式
    index = 0
    while True:  ◀── 用無窮迴圈來取值
        if index >= len(data):
            return  ◀── 值取完了, 結束走訪器
        yield data[index]  ◀── 傳回一個新的值給呼叫者
        index += 1

letters = generator_func('abc')  ◀── 取得產生器物件
print(letters)  ◀── 檢視產生器物件

for l in letters:  ◀── 走訪產生器
    print(l)
```

```
Out
<generator object generator_func at 0x000001FF4E6CA120>
a
b
c
```

小編註：若把上面產生器的 return 換成 break, 效果會是一樣的。Python 函式若沒有寫出 return, 它會在結尾自動執行 return None。

參 考 解 答

■ Python Tutor 連結: https://www.flag.com.tw/Redirect/F1750/48

```
In
def word_generator(filename, max_words):
    index = 0
    with open(filename, 'r') as file:
        for line in file:
            for word in line.split():
                if index >= max_words:
                    return
                yield word.replace('.', '')
                index += 1

ten_words = word_generator(r'C:\路徑\test2.txt', 10)

for word in ten_words:
    print(word)
```

 小編註：注意上面的 ten_words 產生器訪完一次後就不能用了，必須拿 word_generator() 取得新的產生器才行。

練習  產生器運算式

　　假如產生器的內容很簡單，只需走訪某個物件或序列的內容，那麼你能將之改寫成更簡潔的『產生器運算式』形式。產生器運算式的語法非常好理解，因為它的寫法和第 7 章的 list 生成式是幾乎一樣的 (見下說明)。

uestion

寫一個函式 num_generator(), 輸入一個數字, 並用產生器運算式傳
回一個產生器。這產生器會將該數字的每個位數 (不含小數點) 逐
次傳回:

```
In
numbers = num_generator(3.14159)

for num in numbers:
    print(num)
```

```
Out
3
1
4
1
5
9
```

解 題 思 考

☑ 產生器運算式

正如前面所提, 產生器運算式的語法和 list 生成式一模一樣, 唯獨兩側用的是
小括號而非中括號 (Python 沒有 tuple 生成式, 你只能用 list 生成式轉成 tuple):

> (值或運算式 for 值 in 容器 if 條件判斷式)

```
In
gen = (n for n in 'abcde')  ◀── 傳回產生器
print(gen)

for n in gen:
    print(n)
```

```
Out
<generator object <genexpr> at 0x0000023C85B2BA50>
a
b
c
d
e
```

這麼一來, 你連 yield 也不必寫, 只需寫一行程式就能得到產生器物件了。

參 考 解 答

■ Python Tutor 連結: https://www.flag.com.tw/Redirect/F1750/49

```
In
def num_generator(num):          ┌── 把數字轉成字串來走訪
    return (int(digit) for digit in str(num) if digit.isnumeric())

numbers = num_generator(3.14159)     只傳回整數 (跳過小數點和非數字)

for num in numbers:
    print(num)
```

練習 **50** 能計算時間長度的產生器

走訪器或產生器不見得只能傳回既有的資料，它們也能在每次走訪時產生新資料，甚至根據你前一次取出的值來得到新結果。此外，既然產生器在兩次取值之間並不會消滅，你可以把它丟在旁邊不管，等需要時再用就行了。

uestion

> 寫一個產生器函式 elapsed_time_gen()，沒有參數，傳回的產生器會在每次取值時，傳回『從上次取值到現在』經過的時間 (這回你可用 next() 來取值)。可想而知，第一次取值時的時間會趨近於 0。
>
> (你可用 time 模組的 time() 來取得系統秒數，或使用 perf_counter() 取得系統計數器的秒數。我們在解答會使用精確度更高的後者。)
>
> `In`
> ```
> for _ in range(5):
>     time.sleep(random.randint(1, 10) / 10)  ◀── 隨機等待 0.1~1 秒
>     print(next(elapsed_time))  ◀── 從 elapsed_time 取一個值
>                                      (上次到現在經過的時間)
> ```
> ---
> `Out`
> 5.999999999062311e-07 ◀── 第一次的值會趨近於 0
> 0.6153469 ◀── 第一次之後的執行結果取決於亂數等待時間
> 0.8147433999999998
> 0.3113462
> 0.4109897

參考解答

■ Python Tutor 連結: https://www.flag.com.tw/Redirect/F1750/50

```
In
import time, random

def elapsed_time_gen():
    last_time = time.perf_counter()
    while True:
        now = time.perf_counter()
        yield now - last_time    ◀── 傳回經過的時間長度
        last_time = now          ◀── 更新 last_time (最後取值的時間)

elapsed_time = elapsed_time_gen()

for _ in range(5):
    time.sleep(random.randint(1, 10) / 10)
    print(next(elapsed_time))
```

 小編註：注意到 elapsed_time_gen() 內的無窮迴圈並未使用 break 或 return 打斷, 這表示在主程式結束之前, elapsed_time 產生器可以被無限使用下去。我們在這裡只有用它傳回 5 個值而已。

▋ 結語

恭喜！你讀完了這本書, 走過 50 題紮實的 Python 練習題。將來當你面對新問題時, 就會比較有概念要怎麼解決它們。

如同學習外語, 你過去可能已經對 Python 的語法與技巧有初步認識, 但如今你應該有能力花更少時間寫出更流利、更好讀且更符合 Python 風格的程式。若你想繼續精進 Python 技巧, 你現在也有了更穩固的出發點。

我在此祝福各位的 Python 程式設計生涯能夠一帆風順, 同時也期勉各位別放棄繼續精進 Python。

▋致謝

寫作一本書是眾人努力的成果;這麼講雖然像陳腔濫調,卻是千真萬確的事實。我想感謝一些人,沒有他們本書就不可能成真。

首先,我想感謝我多年在 Python 訓練課程中有幸教導過的上千名學生。多虧有他們的提問、建議、見解與糾正,才能有現在的這些練習題和解答。訂閱我的『Better developers』週刊電子報的人,也經常花時間提供意見,令我在教學上獲益良多。

接著,加大聖地牙哥分校的認知科學助理教授 Philip Guo 是 Python Tutor (http://pgbovine.net/) 網站的建置者與維護者,我很常在自己的課堂上使用它,抓下不計其數的截圖,也鼓勵學生用這網站來理解 Python 程式的運作原理。這本書的大部分程式,你都可以在該網站上執行看看 (請參照「參考解答」旁所列網址)。

最後我也要感謝 Python 語言的核心發展者們、套件的協力者以及替它們寫文章與書籍的作者。Python 生態系本身就是驚人的科技成就,但我直到如今都仍然很訝異,有這麼多友善、幫助甚大的好人替 Python 語言做出了貢獻。

—— Reuven M. Lerner

用本書技巧挑戰額外解題

若說到程式刷題，大家或許聽過或用過一些題庫網站吧，它們是許多人準備面試時會使用的工具。那麼，這本書的內容對於這些網站刷題有幫助嗎？

以下小編就額外再提供 10 題，並展示如何運用本書前面的內容來解題（並傳授一些額外技巧）。這些解法並不是要追求最快的執行速度，而是如何運用 Python 獨有的特色寫出最精簡又兼顧效率的程式碼。

 找兩個數字加總

Question

傳入一個由整數元素組成的 list, 以及一個整數 k。從該 list 找出兩個總和等於 k 的元素, 並將其索引用 [a, b] 的形式傳回 (順序不限, 但不能重複用同一個元素)。如果找不到答案, 傳回空 list。

In
```
print(sum_of_two([3, 5, 9, 6], 8))
print(sum_of_two([3, 2, 2], 4))
print(sum_of_two([3, 7, 8], 9))
```
- -

Out
```
[0, 1]
[1, 2]
[]
```

解題思考 & 參考解答

☑ 解法 1

第一個方式是使用雙層 for 迴圈, 以便從 list 中分別取出兩個元素。為了知道元素的索引 (以及避免重複取到同一個元素), 我們使用第 1 章練習 4 的 enumerate() 來處理原容器:

```
In
def sum_of_two(data, k):
    for a_index, a_value in enumerate(data):
        for b_index, b_value in enumerate(data):
                 ┌── 如果索引不同但相加結果相符, 就是答案了
            if a_index != b_index and a_value + b_value == k:
                return [a_index, b_index]
    return []  ◄── 沒有找到結果, 傳回空 list


print(sum_of_two([2, 7, 11, 15], 9))
```

☑ 解法 2：使用 itertools

如果想列舉一系列值有哪些組合的話, 也可以使用 Python 內建模組 itertools 的 **combinations()** 函式：

```
In
from itertools import combinations
for c in combinations([2, 7, 11, 15], 2):
    print(c)        ▲── 容器        ▲── 組合的元素個數


Out
(2, 7)
(2, 11)
(2, 15)
(7, 11)
(7, 15)
(11, 15)
```

可以看到列出的元素是彼此不重複的。若再對 data 套上 enumerate(), 每個結果就會變成 ((0, 2), (1, 7)) 這樣的巢狀 tuple。於是我們可改寫前面的解答如下：

```
In
def twoSum(data, k):
    from itertools import combinations
    for a, b in combinations(enumerate(data), 2):
        if a[1] + b[1] == k:
            return [a[0], b[0]]
    return []

print(two_sum([2, 7, 11, 15], 9))
```

 itertools 模組

Itertools 模組其實提供了一系列產生器函式，能用迴圈走訪來列出一系列元素的排列組合結果：

itertools .product(容器)	笛卡兒積
itertools .permutations(容器 , 排列元素數量)	排列
itertools .combinations(容器 , 組合元素數量)	組合
itertools .combinations_with_replacement (容器 , 組合元素數量)	可重複使用同一元素的組合

進一步細節可參考官方文件：https://docs.python.org/3/library/itertools.html, 或參考旗標『Python 神乎其技全新超譯版』第 6 章。

 找出出現最多次的數字

給予一個內含 N 個整數元素的 list, 找出出現最多次的值並傳回。

```
In
print(find_majority_num([5, 7, 6, 5]))
print(find_majority_num([1, 2, 2, 3, 2, 3, 1]))
```
```
Out
5
2
```

解題思考 & 參考解答

☑ 解法 1：Counter

其實本問題要找的就是出現最多次的數字而已, 跟它出現幾次無關。第一個
方式是使用第 3 章練習 13 提到的 collections.Counter 容器來統計各元素的數
量：

```
In
def find_majority_num(data):
    from collections import Counter
    return Counter(data).most_common(1)[0][0]

print(find_majority_num([1, 2, 2, 3, 2, 3, 1]))
```

Counter. most_common() 會傳回一個 list, 裡面每個元素是 (值, 出現次數), 因此第一個 [0] 用來取出元素, 第二個 [0] 則取得出現最多次的值。

☑ 解法 2：count()

第二個辦法是用 set 找出不重複的元素, 並用 list 生成式 (第 7 章) 搭配 list 的 count() method (第 3 章練習 13), 藉以產生一個類似 Counter 的統計表。

為了排序方便起見, 我們用 list 生成式產生的容器, 每個元素會是 (次數, 值), 所以這回取出的順序會不太一樣。

```
In
def find_majority_num(data):                          對每個值產生 (次數, 值) 的資料
    counter = [(data.count(i), i) for i in set(data)] ◀───
    return sorted(counter, reverse=True)[0][1] ◀─── 由大到小排序


print(find_majority_num([1, 2, 2, 3, 2, 3, 1]))
```

☑ 解法 3：mode()

不過, 如果只是想知道哪個值出現最多次, 這其實就是統計上的眾數 (mode)。這時我們可直接使用 Python 3 內建的 statistics 模組：

```
In
def find_majority_num(data):
    import statistics
    return statistics.mode(data)


print(find_majority_num([1, 2, 2, 3, 2, 3, 1]))
```

你可以在官方文件找到更多 statistics 模組的細節, 它提供了一些簡單方便的統計功能：https://docs.python.org/3/library/statistics.html

 尋找數列中遺失的數字

uestion

在一個長度為 N 的 list 中，其元素（整數）應該是 1 到 N，但有些數字不見了，其他有些數字則重複出現。找出遺失的數字，並放在一個 list 內傳回。

```
In
print(find_missing_nums([1, 2, 8, 5, 1, 6, 4, 9, 5]))    ← 長度為 9
```

```
Out
[3, 7]    ← 在 1~9 的整數中缺少 3 和 7
```

解題思考 & 參考解答

這題可用第 4 章的 set 來做。更確切來說，我們可以先產生一個含有完整數字的 set，然後跟轉成 set 的 data 做比較，就知道 data 缺少哪些數字。

當你拿一個 set 去減另一個 set 時，你會得到這兩個集合的差集：

```
In
a = {1, 2, 3, 4, 5}
b = {1, 2, 4}
print(a - b)
```

```
Out
{3, 5}
```

```
In
def find_missing_nums(data):
    all_data = set(range(1, len(data) + 1))
    return list(all_data - set(data)) ◀── 求出兩個 set 的差集後轉成 list

print(find_missing_nums([1, 2, 8, 5, 1, 6, 4, 9, 5]))
```

我們已經在第 4 章練習 17 看過 set 的聯集。Python 可對 set 做的運算方式如右：

a | b	聯集
a & b	交集
a - b	差集
a ^ b	對稱差集

 **能取最小和最大值的堆疊**

uestion

實作一個堆疊類別，它得支援以下的 method：

push()	將值放入堆疊頂端
pop()	從堆疊頂端取出一個值
top()	讀取堆疊頂端的值
min_num()	讀取堆疊內的最小值
max_num()	讀取堆疊內的最大值

這個類別建立，堆疊內容會是空的。下面是對堆疊的一系列操作：

```
In
stack = Stack()
stack.push(3) ◄── 放入 3
stack.push(2) ◄── 放入 2
stack.push(8) ◄── 放入 8
stack.push(6) ◄── 放入 6
stack.push(5) ◄── 放入 5
print(stack.pop()) ◄── 取出堆疊頂端的值 (5)
print(stack.top()) ◄── 查看堆疊頂端的值 (現在變成 6)
print(stack.min_num()) ◄── 查看堆疊內的最小值 (2)
print(stack.max_num()) ◄── 查看堆疊內的最小值 (8)
```
```
Out
5
6
2
8
```

解題思考 & 參考解答

☑ 堆疊

　　堆疊 (stack) 是一種資料結構，採後進先出 (LIFO, last-in first-out) 的資料存取方式。你可將它想像成一疊盤子：新盤子只能放在最頂上，要拿走盤子時也一定是從頂端拿，因此越晚放進堆疊的資料會越早被取出。

　　在堆疊放入資料的動作稱為 push，取出資料則叫 pop。不過這些在 Python 其實都已經有了：我們可用 list 的 append() 和 pop() 做到完全一樣的效果。

☑ 解法 1

第 1 種寫法是最傳統的類別，它會包含一個 list 型別的屬性當成堆疊：

```
In
class Stack():
    def __init__(this):
        this.data = []

    def push(this, x):
        this.data.append(x)

    def pop(this):
        if this.data:     ◄── 若 list 不為空就移除並傳回頂端的值
            return this.data.pop()

    def top(this):
        return this.data[-1]   ◄── 傳回最末元素 (堆疊頂的元素)

    def min_num(this):
        return min(this.data)

    def max_num(this):
        return max(this.data)
```

其中 return this.stack.pop() 的寫法就相當於：

```
In
value = this.stack[-1]   ◄── 取出最末值
del this.stack[-1]       ◄── 刪除最末值
return value             ◄── 傳回該值
```

☑ 解法 2

第二種方式是讓我們的 Stack 類別直接繼承自 list 型別，這使得我們就不再需要用 __init__() 建立一個 list 屬性：

```
In
class Stack(list):   ←—— 繼承 list 型別
    def push(this, x):
        this.append(x)   ←—— this 就是 list 本身

    def top(this):
        return this[-1]

    def min_num(this):
        return min(this)

    def max_num(this):
        return max(this)
```

注意到這回我們沒有實作 pop() method，因為這在 list 型別本身已經有了。多定義一次 pop() 只會覆蓋掉原本的功能而已。

假如你這樣定義 pop()：

```
In
def pop(this):
    if this:
        return this.pop()
```

這樣並不會呼叫到 list 的 pop()，而是 Stack 自身的 pop() 會不停呼叫自己、形成所謂的遞迴，最終來到 Python 環境的遞迴上限而引發 RecursionError（遞迴錯誤）。

 檢查括號格式是否有效

uestion

有一個字串,當中包括 '(', ')', '{', '}', '[' 和 ']' 這些括號字元,但我們
需檢查它們是否以正確的順序排列:

有效的括號格式:
'[]'
'[()]'
'[()]{}'

無效的括號格式:
'([)]'
'[](('
')'

判斷該字串的括號格式是否有效。有效時傳回 True, 反之傳回 False。

解題思考 & 參考解答

☑ 使用堆疊和對照表

這題可以運用到前一題的堆疊來處理,因為左括號和右括號的出現順序剛好
是相反的,跟堆疊的進出順序一樣。我們可以如下處理:

1. 走訪字串,遇到左括號時把它放 (push) 進堆疊。

2. 如果遇到右括號，從堆疊取出 (pop) 一個值，看看是否為對應的左括號。既然括號應該會一進一出，如果取出值無法對應，就代表括號的順序是無效的。

我們也得考慮到另外兩種情況：

1. 左括號比較多，使得走訪完字串後，堆疊內有殘留左括號元素。

2. 右括號比較多，使得程式嘗試從堆疊取出元素時，堆疊有可能是空的，進而導致錯誤。

為了能檢查左右括號的配對，我們要用一個 dict 當成對照表，並用一個 list 當成堆疊（參考前一題）。我們放進堆疊的也不是左括號，而是對應的右括號，這樣取出時就能直接比對了。

☑ 解題

```
In
def are_brackets_valid(s):
    brackets = {'(': ')', '[': ']', '{': '}'}    ◄── 括號對照表
    stack = []    ◄── 記錄括號用的堆疊

    for b in s:
        if b in brackets:
            stack.append(brackets[b])    ◄── 若是左括號, 把右括號放進堆疊
        else:
                    若堆疊不為空且取出的值和右括號不符, 代表格式無效
                        ▼
            if not (stack and b == stack.pop()):
                return False
    return True if not stack else False
            ▲── 若走訪完時堆疊空了代表格式有效, 反之則否
print(are_brackets_valid('[()]'))
```

注意 stack and b == stack.pop() 這句。Python 運算式會從左邊先檢查，因此若 stack 為空，在判斷式中就代表 False，於是程式就不會去檢查 and 的右邊條件。也就是說，當 stack 為空時，程式就不會從 stack 取值而導致錯誤了。

 移動零值到結尾

一個有數字元素的 list, 當中可能有若干個 0。你得把這些 0 全部挪到該 list 尾端, 但不能動到其他值的順序。

```
In
print(zeroes_to_the_end([2, 3, 0, 1, 0, 5]))
-------------------------------------------------------------------
Out
[2, 3, 1, 5, 0, 0]
```

解題思考 & 參考解答

☑ 解法 1：增刪法

解法 1 很直覺, 就是根據 list 中 0 的次數走訪它, 將最前面的 0 刪掉, 然後在 list 結尾新增一個 0：

```
In
def zeroes_to_the_end(data):
    for _ in range(data.count(0)):   ◀── 有幾個 0 就走訪幾次
        del data[data.index(0)]
        data.append(0)
    return data

print(zeroes_to_the_end([2, 3, 0, 1, 0, 5]))
```

　　list.index(N) 會傳回第一個值符合 N 之元素的索引，而既然我們限制了尋找 0 的次數，因此程式無論如何都不會動到已經放到尾端的 0。

✅ 解法 2：切片法

　　下面我們來嘗試一個不同的解法，是使用 list 切片來『重組』元素順序：

```
In
def zeroes_to_the_end(data):
    for _ in range(data.count(0)):
        idx = data.index(0)
        data = data[:idx] + data[idx+1:] + data[idx:idx+1]
    return data

print(zeroes_to_the_end([2, 3, 0, 1, 0, 5]))
```

　　這次我們用切片把 0 元素挪到結尾，並把其餘數字拼接起來。由於切片只能跟切片相加 (相連)，所以 0 也要用切片的形式取出。

 尋找單字共通的字首

uestion

給一個 list, 內含一系列英文單字, 找出這些字開頭相同的字首。

例如：

```
In
print(find_common_prefix(['expensive', 'export', 'experience']))
print(find_common_prefix(['flight', 'flower', 'book']))
```

```
Out
'exp'
'' ◀── 空字串 (沒有共通字首)
```

解題思考 & 參考解答

解這題的技巧如下：

1. 同時走訪每個單字的字元。

2. 如果所有字元都一樣, 就把它記下來。若有字元不一樣, 就結束走訪和傳回前綴字。

☑ 使用 zip() 走訪多重容器

你能用 zip() 來同時走訪多個容器, 它會每次從每個容器各取一個值來放進 tuple：

```
In
a = ['a', 'b', 'c']
b = [1, 2, 3, 4 , 5]

for v1, v2 in zip(a, b):
    print(v1, v2)
```
```
Out
a 1
b 2
c 3
```

注意 zip() 會在最短的容器走訪完畢時就結束。不過既然我們是要尋找共通的前綴字, 這就不成問題。

對於一個 list 中的字串, 我們可以用 * 把這些元素解包給 zip(), list 內的元素會被抽出來一個個傳入 zip():

```
In
strs = ['abc', 'def', 'ghi']

for s in zip(*strs):  ←── 等於 zip('abc', 'def', 'ghi')
    print(s)
```
```
Out
('a', 'd', 'g')
('b', 'e', 'h')
('c', 'f', 'i')
```

因此本題可解答如下：

```
In
def find_common_prefix(strs):
    prefix = []
    for c in zip(*strs):
```
　　　　　　　┌── 將每個單字的字元丟進 set, 如果只剩一字元就表示全部相同
```
        if len(set(c)) == 1:
            prefix.append(c[0]) ◀── 加入前綴字
        else:
            break ◀── 有字元不同, 結束走訪
    return ''.join(prefix)

print(find_common_prefix(['expensive', 'export', 'experience']))
```

A-8 反轉數字

Question

把一個整數的數字部分反轉，但維持原本的正負符號。

```
In
print(reverse_num_digits(123))
print(reverse_num_digits(-456))
print(reverse_num_digits(-240))
```

```
Out
321
-654
42
```

解題思考 & 參考解答

這題的解法很簡單：將數字轉成字串，反轉後重新轉回數字。但這裡要先講解一下如何反轉字串。

☑ 字串反轉

反轉字串的方式有以下兩種：

```
In
s = 'python'
print(''.join(reversed(s)))   ◀── 用 reversed() + join()
```

```
Out
nohtyp
```

reversed() 會傳回 reverse 型別容器，你必須將它轉換成其他容器才能讀取其內容。在此我們直接用 str.join() 把其內容重新拼起來，就得到反轉的字串了。

另一種方式是用切片：

```
In
print(s[::-1])   ◀── 用切片
```

```
Out
nohtyp
```

第 2 章提過切片，但切片語法實際上可傳入第三個參數，也就是取值時的步長 (step)：

> list[起始索引 : 結束索引 (不含) : 步長]

不指定步長時,預設就是 1。若步長設為 2, 就會每 2 個元素取一個值:

```
In
s = 'python'
print(s[::2])  ◀── 每 2 個元素取一次
print(s[::3])  ◀── 每 3 個元素取一次

Out
pto
ph
```

如果設為 -1, 則會倒著取值。這表示 [::-1] 會取原容器的整個範圍, 順序卻是倒過來, 剛好達到反轉字串的目的。

☑ 解答

```
In
def reverse_num_digits(x):
    answer = int(str(abs(x))[::-1]) * (1 if x >= 0 else -1)
    return answer

print(reverse_num_digits(-123))
```

為了能反轉數字, 一開始先用 abs() 取絕對值, 轉回新數字後再根據原本的正負乘上 1 或 -1 即可。

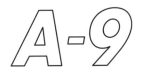 反轉位元

uestion

將一個介於 0 到 255 之間的正整數，轉成 8 位元長度的 2 進位數後，反轉該 2 進位數的排列順序，再重新轉回 10 進位數。

```
In
print(reverse_binary(121)) ◀── 121 的 2 進位為 01111001
```

```
Out
158 ◀── 10011110 (01111001 的反轉)
```

解題思考 & 參考解答

這題和前一題有點關聯，其解法如下：

1. 用字串格式化將整數轉成 8 位元的二進位數 (不滿 8 位時在開頭補滿 0)。

2. 反轉字串。

3. 把字串內的 2 進位數轉回成 10 進位數。

```
In
def reverse_binary(n):
    binary = f'{n:08b}' ◀── 轉成長度 8 的 2 進位數字串
    return int(binary[::-1], 2) ◀── 反轉字串後轉成 10 進位整數

print(reverse_binary(121))
```

在上面的 f-string 中, 08b 的意思是要有 8 字元長度、不足的位數會補 0, 而且是 2 進位 (binary)。這顯示你不只能用 f-string 做字串格式化,更能用來做數字格式轉換。

f'{n:08b}' 也可以寫成 '{:08b}'.format(n)。如我們在第 3 章提過的,你能到 https://pyformat.info/ 進一步了解 Python 字串格式化的控制選項。

最後我們用 int() 將這個字串型別的二進位數字轉成 10 進位數字。還記得你在第 1 章練習 4 看過我們用它來轉 16 進位數字吧?在此的原理是一模一樣的。

羅馬數字轉數字

uestion

有一個字串,是用羅馬數字表示的數字。將這個字串轉換成正確的 10 進位數。

羅馬數字對照表

I	1
V	5
X	10
L	50
C	100
D	500
M	10000

要注意像是 VIII 代表 8, 但 9 不是寫成 VIIII 而是 IV。有些羅馬數字可以寫在其他較大的數字前面,以下就是這些特別的表示法:

NEXT

IV	4 (5 - 1)
IX	9 (10 - 1)
XL	40 (50 - 10)
XC	90 (100 - 10)
CD	400 (500 - 100)
CM	900 (1000 - 100)

In

```
print(roman_num_to_int('II'))
print(roman_num_to_int('IV'))
print(roman_num_to_int('MMCDXIX'))
```

Out

```
2
4
2419
```

解題思考 & 參考解答

☑ 解法 1

我們在這題的兩個解法都是使用 dict 為對照表，然後用迴圈走訪字串，將值一一加上去。

在計算羅馬數字的值時，最大的問題是怎麼應付 IV 或 IX 這類特殊表達式 (減值的計算)。在此我們會先依次把值加總，然後在發現順序不同的數字時倒扣回去即可。

例如，計算到 XIX (19) 的過程如下：

1. 第一個數字 X -> 0 + 10 = 10

2. 第二個數字 I -> 10 + 1 = 11

3. 第三個數字 X -> 11 + 10 = 21；但由於前一個數字是 1，這表示前面的 1 應
    該是要減去而不是加。所以 21 - 1 - 1 = 19。

下面的迴圈就會記錄每次處理過的字元，以便和下一個字元代表的值比較，
並在必要時倒扣值：

```
In
def roman_num_to_int(s):
    roman = {          ◄── 對照表
        'I': 1,
        'V': 5,
        'X': 10,
        'L': 50,
        'C': 100,
        'D': 500,
        'M': 1000,
    }
    num = 0
    prev_c = None
    for c in s:
        num += roman[c]          ◄── 加上羅馬數字的值
        if prev_c != None and roman[c] > prev_c:
            num -= prev_c * 2     ◄── 如果前一個羅馬數字比較小, 就倒扣 2 倍回去
        prev_c = roman[c]
    return num        ↑── 記錄這個數字, 等下一輪迴圈使用

print(roman_num_to_int('MMCDXIX'))
```

☑ 解法 2

既然遇到特殊羅馬數字時要把值倒扣回去，不如一開始就把它們也做成對照表吧：

1. XIX -> 直接計算總值為 10 + 1 + 10 = 21。

2. IX 事先已在對照表中定義為 -2。由於 XIX 中含有 IX，因此調整值為 -2。

3. 21 + (-2) = 19 即為結果。

這些特殊的羅馬數字，在任何數字中最多只會出現一次而已，所以我們可以拿對照表來直接統計羅馬數字內有多少特殊數字，當成要倒扣的總值。

下面就是使用兩個 dict 對照表的版本，並用兩個 list 生成式取代迴圈：

```
In
def roman_num_to_int(s):
    roman = {
        'I': 1,
        'V': 5,
        'X': 10,
        'L': 50,
        'C': 100,
        'D': 500,
        'M': 1000,
    }
    roman_special = {
        'IV': -2,
        'IX': -2,
        'XL': -20,
        'XC': -20,
        'CD': -200,
        'CM': -200,
    }
```

NEXT

```
      ┌── 所有數字調整前總和
      ▼
   normal_value = sum([roman[c] for c in s if c in roman])
      ┌── 調整值 (倒扣) 總和
      ▼
   special_value = sum([value for key, value in roman_special.items() if
key in s])
   return normal_value + special_value ◀── 求出結果

print(roman_num_to_int('MMCDXIX'))
```

旗 標 FLAG

好書能增進知識　提高學習效率　卓越的品質是旗標的信念與堅持

旗 標 FLAG

http://www.flag.com.tw